数学与生活2

要领与方法

[日] 远山启 著

甘菁菁 译

人民邮电出版社
北京

图书在版编目（CIP）数据

数学与生活. 2，要领与方法 / （日）远山启著 ； 甘菁菁译. -- 北京 ： 人民邮电出版社，2020.9（2024.7重印）
（图灵新知）
ISBN 978-7-115-54208-3

Ⅰ. ①数… Ⅱ. ①远… ②甘… Ⅲ. ①数学－普及读物 Ⅳ. ①O1-49

中国版本图书馆CIP数据核字(2020)第099973号

内 容 提 要

本书为日本数学教育议会创立者远山启的数学教育科普作品。书中通俗解读了数学教育中的重点、难点问题，用直观的方式梳理了“量与数”“集合与逻辑”“空间与图形”“变数与函数”的知识体系，并结合作者多年的教学与研究经验，向读者传授了独创的教学方法与学习技巧，引导学习者掌握具有发展性的思考方法，真正从原理上理解数字知识。本书适合数学爱好者阅读学习，也适合作为教师教学、家长辅导的参考指南。

◆ 著　　[日] 远山启
译　　甘菁菁
责任编辑　武晓宇
装帧设计　broussaille私制
责任印制　周昇亮

◆ 人民邮电出版社出版发行　北京市丰台区成寿寺路11号
邮编　100164　电子邮件　315@ptpress.com.cn
网址　https://www.ptpress.com.cn
大厂回族自治县聚鑫印刷有限责任公司印刷

◆ 开本：880×1230　1/32
印张：7　2020年9月第1版
字数：138千字　2024年 7 月河北 第15次印刷
著作权合同登记号　图字：01-2018-8508号

定价：59.80元

读者服务热线：(010) 84084456-6009　印装质量热线：(010)81055316
反盗版热线：(010)81055315
广告经营许可证：京东市监广登字20170147号

前　言

如今，日本教育的状况让不少人忧心忡忡。

学校不再是让学生无忧无虑地学习和成长的场所，而是逐渐变为整日考试、推崇竞争，并以成绩定终生的地方。

学校本该去点燃学生智慧的火种，现在却成了按成绩排名、划分学生等级的竞技场。

更有学校扬言要淘汰跟不上教学进度的学生。

孩子在真正意义上变聪明，需要非常长的时间。与其他动物不同，我们的孩子需要经历相当漫长的岁月，才能成长为具备独立生存能力的成年人。

因此，无论多么急切地催促孩子“快点、快点”，他们也不会在一夜之间长大，否则就是揠苗助长——也许看上去是长大了，但在其成长过程中，一定有许多重要的东西被遗漏了。

在学校开设的众多课程里，数学常被当成“筛选”的工具，数学成绩成为判断学生聪明或愚笨的标准。一直从事数学教学研究的我，对此感到十分痛心。

包括小学低年级的算术在内，数学绝非筛选工具。只要教学方法正确，所有的孩子应该都能理解数学。

数学其实是一门很单纯的学问，只要能扎实掌握重点，那么所有人都能把它学明白。而算得上重点的内容并不多，一学年最多有两三处。教师只要花时间将这些重点讲透彻，就无须将所有的知识细节逐一灌输给学生了。

本书的目的，就是要将数学这门学科中为数不多的重点说透彻、讲明白。

当下的教育现状是，家长和教师不停地催促着孩子“快点写答案、快点写答案”，教育环境整体十分浮躁，孩子在学习的过程中没有归属感和落脚点。其实完全不必这么心急，慢慢来并不晚。

很多学生年级越高就越讨厌数学、讨厌算术，可算术明明很受幼儿喜爱。

第一，学习数学可以不借助他人的力量，仅凭一己之力就解决问题。这种成就感是在学习其他学科的过程中体会不到的。

第二，数学很公平。即使是所谓的“差生”，只要能做对所有题目就能得 100 分。相反，即使平时是“好学生”，如果一道题也做不出来，那么得了 0 分也不能抱怨。这是只有数学才能带来的爽快之感。

所以，刚上小学的孩子都爱学习数学。而讨厌学习数学的高年级学生之所以越来越多，是因为他们在学习的过程中逐渐学不明白了。

这无外乎有三个原因。

（1）学生。

（2）教师。

（3）教科书。

如果日本的所有学生都被同一个数学难点绊住了，那么可以肯定的是，责任不在学生也不在教师，而在于教科书，或者说是教科书背后的教学大纲出了问题。

如今，导致日本的学生学不好算术和数学的主要原因就在于教科书。若要追究更具体的责任，市面上那些针对教科书的试题集也脱不了干系。

试题的意义在于，教师可以用它来确认学生对课堂内容的掌握程度，并以此为依据来制定次日的教学计划，而学生也可以通过试题来了解自己对知识的掌握程度。所以试题应该是“手工制作的”，需要教师以学生的情况为基础来设计。但日本大部分学校使用的试题都是出版商出品的印刷成品，这样的试题自然无法针对学生的具体情况。

再者，市面上的试题集里也有很多错误。用这样的试题集学习，实在没必要因为拿了“√”而沾沾自喜，拿了“×”就垂头丧气。

本书将为读者详细解释数学这门学科的“根基”，所以数学学得不错的人可能会觉得无聊。

不过，根基都是深埋在地下的，把它们挖出来重新晒晒太阳，也许会有意想不到的新发现。所以，即使您是对数学无所不知的高手，我也希望本书能为您带来一些新的发现。

远山启

1972 年 4 月

目　录

序 章

0.1 答案相同也“不同”

首先，我想说明的一点是，算术的教法并非是单一的，而是非常丰富的。世人普遍认为，算术就是像 $2+3=5$ 这样，得不出其他答案，所以觉得教这种东西应该很简单，完全没有必要去研究算术的教法。我认为这是导致算术教学研究落后的原因之一。

即便在数学教师的群体之中，也有不少人对算术教学不屑一顾，认为 $2+3$ 当然等于 5，难不成还能得出其他答案？确实，无论在世界的何处，在什么年代，$2+3$ 的答案都是 5，这恐怕不会有什么改变。但 $2+3$ 是如何算出答案 5 来的呢？其中的计算方法可就多种多样了。

我们可以数手指、数玻璃球，也可以在脑袋中默数或者使用算盘，当然还有其他办法。教育所必须做的事情之一，就是教会学生如何从众多方法中选出最便于思考的那种方法。这里说的便于思考，并非仅指对于孩子来说方便使用，更重要的是，孩子在将来也能独立使用同样的思考方法。也就是说，作为教育者的成年人，应当去寻找具有发展性的思考方法来教授，这是教育的一项重要任务。

所以，即使是像 $2+3$ 这样简单的加法，也有很多问题值得研究。

教育必须考虑对象，成年人觉得好理解的方法，孩子未必能真正接受。我们必须倾听孩子的声音，唯有如此才能找到最好的方法，也就是最易懂、最具有发展性的方法。$2+3$这样的简单计算如此，分数、小数或者使用符号的代数亦如此，思考方法都是多种多样的。

翻阅各国的算术教科书就会发现，算术的教法千差万别，在有的国家甚至同时存在多种教法。

经过多年的调查研究，我认为自己找到了一种对孩子来说较为易懂、也具发展性的思考方法。在本书中，我想试着谈一谈这方面的内容。

0.2 教学方法的保守性

其次，我想说的是，教学方法或者说是教育技术趋向于一成不变，或许可以称之为教学方法的保守性问题。

前文提到过，很多人认为没有必要研究教学方法，而这一点也正是导致教学方法趋向于一成不变的原因之一。但原因不只在于此，教师在教学上的一些习惯也可能是影响因素，这一点在低年级的算术教学上特别明显。教师在教小学低年级算术时，都有自己的教学习惯。比如，有的教师有用数手指来教算术的习惯，一旦教师在课堂上这样做，这种方式就会在学生之间迅速传播。（顺便说一下，我个人认为用数手指的方式来学算术并不好，具体原因我将在后文中阐述。）受到这种习惯影响的学生在成为教师后，也会用同样的方法去教下一代学生。这样周而复始，教学的方法也就难以改变。

日本明治时期[1]制定的教育指导方法，如今在众多教师心中依然根深蒂固。这些方法中虽然有精华，但需要剔除的糟粕也不少。改变这些陈旧观念是非常重要的，而且也需要我们做出相当大的努力。我希望教师、家长都不要故步自封，认为自己的教法是最好的。所以，我们必须要先认识到教学方法上的保守性问题。

0.3 教科书与教学制度的历史

最后，我想简单说一下日本教科书与教学制度的发展历史。日本政府于明治五年（1872 年）颁布《学制令》，这项教育改革法令至今已有百余年的历史了。在此之前，日本的算术都是在私塾中，通过读、写、算盘等形式零散地教授给学生。明治五年后，日本开始建立小学，并在学校中推行欧洲的数学教学方法。从此，“和算”逐渐被“洋算”取代。

在展开讲述之前，我们要先了解明治五年之后的教育情况，尤其是数学教育（当然，算术也包含于其中）。

进入明治时期后，日本政府迅速出台了教育制度，这也导致他们没来得及编写配套的教科书。我们现在仍然能在一些老房子的仓库里翻出明治时期的木板印刷教科书，其作者大多是某某县[2]

① 1868—1912 年。（本书所有注释均为译者注。）

② 县为日本的地方行政区划的一级，始于明治政府 1871 年实施的废藩置县政策。相当于中国的省。

的士族[1]，可见当时日本各地的教科书并不统一。

从明治时期开始，日本逐步加强对国家的统一管理，并开始施行教科书的审定制度[2]。这项制度持续了相当长的时间，其间也出现了一些堪称精品的教科书。讲谈社曾将明治时期以来的教科书全部再版，出版为“日本教科书大系”，其中囊括了算术、国语、修身等各门学科。纵观明治时期之后的算术教科书，好书大多集中在教科书审定制度时代。

然而，此后日本政府逐渐加强了中央集权。在日俄战争结束后的明治三十八年（1905 年），日本开始使用国定教科书制度[3]替代审定教科书制度。明治三十八年为1905年，距今已有67年[4]了。将审定教科书制度改为国定教科书制度的导火索，是教科书审定受贿事件。当时，多家编写和发售教科书的出版社为了能在激烈的市场竞争中获胜，贿赂了相关审定人员，最后导致了贿赂事件。此后，国定制度取代审定制度，国定制度下出版的第一本算术教科书名为《寻常小学算术书》。

0.4 黑封面教科书

由于这本教科书的封面是黑色的，所以我们通常将其称为

① 明治以后给武士出身者的族称。
② 民间编写教科书，国家审查的制度。
③ 所有教科书必须由文部科学省编写。
④ 本书写于 1972 年。

“黑封面”[①]。昭和九年（1934 年）以前入学的人使用的就是这本教材。从 1905 年到 1934 年的 30 年间，这本书一直是日本的国定教科书。虽然在这期间，该教科书曾被修订过 3 次，但总体改动很少，并没有什么本质上的变化。使用了 30 年的国定教科书对日本算术教育的影响不言而喻，在现今的算术教育中仍然能看到这本书的影子。历史是后世之镜，再加上前文提到过的教学方法的保守性，所以我们必须深入分析这本黑色封面的教科书，否则就无法真正了解如今日本的算术教育。

彼时日本推行的是战前教育，国定教科书在课堂具有绝对权威。提到明治时期的教育方针，可以说决定教学内容的权力在于政府和文部省，也就是在上层。处于教学一线的教师无权评判教科书，也无权对教学内容发表意见，国家留给教师的空间只有“教”。在这种强制的统一下，黑封面教科书在 30 年间产生了很大的影响。

关于明治时期的教育状况，还有一个小笑话。据说文部省制定了一本类似于算术教育的指导用书，要求在讲解 $1, 2, 3, \cdots$ 的数数方法时使用具体的物品——“例如可以用馒头教学生数数”，但书中“馒”这个字的食字旁却被误印成了鱼字旁。这本来只是一个印刷错误，但有一名教师看到后真的以为书上说的是“鳗头”，于是专门去鳗鱼店找来一堆鳗鱼头给学生上课。虽然不知道这个

① 日语原文为“黑表紙”，“表紙”为封面之意。

笑话是真还是假，但由此可见当时明治政府对教育的严格控制。

虽然黑封面在 30 年间历经 3 次修订，但实际的改动极小。例如有一道求大米价格的应用题，由于当时货币贬值导致教科书中的价格与实际情况不符，所以文部省将 1 升大米的价格提高了 1 倍。3 次修订的都是这样的小问题。大正[①]末期日本引入了长度的计量单位“米”，因此文部省对相关内容做出了幅度稍大的修订，但也只是将教科书中的“尺”改成了“米”而已。

0.5 绿封面教科书

在黑封面之后登场的是被称为“绿封面”的教科书——《寻常小学算术》，书名中少了一个“书”字。这本书从昭和十年（1935 年）使用到昭和十六年（1941 年），此时的教材已经是彩色印刷了，在它的绿色封面上还印着一个红色风车。

可能有人用过这本教科书，但它实际使用的时间比较短。政府声称这本书是黑封面的改进版，但我们现在如果仔细阅读就会发现，真正得到改进的内容没几处，改得更差的地方倒不少。这本教科书的影响力也不小，现在仍然有很多学校使用的审定教科书就是以这本书为框架编写的。

---

① 1912—1926 年

0.6 蓝封面教科书

之后问世的“蓝封面”比“绿封面”表现得更糟糕。由于蓝封面教科书是在太平洋战争开始之后投入使用的，所以书中的应用题具有浓厚的日本军国主义色彩。此外，这本书作为一本算术教科书而言，本身也非常差。在日本宣布投降的1945年，当时的小学生使用的就是蓝封面教科书。此后，这本书还使用了一段时期，当然，是在用油墨将书中涉及军国主义的内容遮盖住的前提下。

0.7 生活单元学习法

第二次世界大战后，驻日美军强制日本的小学采用生活单元学习法。虽然美军为了避免留下“强制”的证据而没有颁布书面文书，只发布了口头命令，但生活单元学习法确实来源于美国。

这种方法指的是，模拟学生会遇到的各种生活场景，如“购物”和“取钱”等，让学生通过练习加减乘除的运算来解决这些生活问题。这种方法导致学生无法在一段时间内集中学习某一种运算方法，结果造成了当时日本学生数学水平的迅速下降。

全面倡导使用这种学习方法的标志，是1951年颁布的《学习指导要领》[①]。这部《学习指导要领》的参考资料正是当时美国出

---

① 相当于中国的教学大纲。

版的算术指导用书。

这种教学方法引起了日本教师的强烈反对，因此只实施了几年就被废弃了。

0.8 如今的制度

在此背景下，文部省重新修订了《学习指导要领》，并于 1958 年颁布了新的《学习指导要领》。虽然新的《学习指导要领》废除了数学学科中的生活单元学习法，提出要尊重数学学科的系统性，但同时也加强了《学习指导要领》的约束力，大幅度地限制了教科书的编订自由，而这也是教科书逐渐趋向于国定制度的表现。

在此后数年间，教科书选定制度逐渐替代了教科书免费制度。此前每所学校的教师都可以自由地选择教科书，但在新制度下，市、郡或县等同一个地区必须选择统一的教科书。这就是教科书的地区选定制度。

在学校能自由选定教科书的时代，来自教学一线教师的建议可以推动教科书的改进，出版社的教科书编辑部会在修订教科书时听取、采纳教师的意见和建议。

但在地区选定制度下，选择教科书的权利由教师转移到了与孩子没有多少直接接触的地区当权者手中。如此一来，教科书的编辑便不再听取教师的建议，对教科书的改进也无从谈起了，这直接导致了如今教科书的质量江河日下。

此后，随着对《学习指导要领》的修订，日本从 1971 年开始对小学教科书的内容进行了大幅改动。然而，修订后的教科书在内容上仍然存在诸多缺陷，这导致出现了越来越多的“落后生”和讨厌算术的学生。

之前一直坚信“教科书绝不会出错”的家长们对教科书的不信任和质疑也愈发强烈。

1970 年 7 月，家永三郎先生就文部省修订由其编写的教科书一事提起诉讼，并在一审中胜诉。这起判决掀起了家长们自己动手检查教科书的热潮，教育界也如火如荼地展开了自行设计教学内容的自主编写活动。本书就写于这样的时代背景下。

第1章　量

1.1 广义的量

序章稍微聊了聊本书的背景，下面我们就要进入正题了。首先来说一说“量”。

量具有双重含义——狭义的量和广义的量。在我们常说的“度量衡”中，“度”为长度，“量”为体积，“衡”为重量，此处的量是狭义概念。本章中涉及的量含义更广，除了体积之外，还包括重量、长度、面积、密度、时间等。物理学中的力、运动量、速度、加速度、能量，也都属于广义的量。社会科学中的人口、国土面积、人口密度、国民生产总值（GNP），以及最近污染问题中经常出现的 ppm 浓度等，也都可以归纳到量的范畴内。

先学习“量”似乎有悖于算术教学中先学习“数”的常识，但数的背后实则就是量。量的重要性暂且不提，仅让学生理解上述这些种类繁多的量就是一个大工程。所以我们要以最简单的量为基础，逐步过渡到复杂的量。

在从小学升至初中、高中的过程中，学生接触到的量的难度也会逐渐增大。如果量的出场顺序颠倒了，那么就会导致学生不理解甚至混淆这些量。因此，如何系统地讲解“量”是教师必须思考的问题。

小学之前的孩子能区分一些简单的量，再小一些的幼儿也知道在大块点心和小块点心当中选大的。通过比较来知道大小，这就是学习量的出发点。

幼儿学会说话后，很快就会了解“大、小”，这是理解“体积”的萌芽阶段。同样，幼儿也能从“热、冷、凉”这些词中理解什么是“温度”，从“长、短”中理解什么是“长度”。

我们的语言中有大小、冷热、长短、轻重、快慢等多种形容词，这其实也体现了量的多样性。这类形容词产生的前提是比较，这一点在英语中比在日语中体现得更明显。例如，large、larger、largest 这三种形式就分别代表了原级、比较级、最高级。

1.2 生物与环境

我们的语言中使用的形容词如此之多，也反映出了对于人类生存而言，量是一种根源性的东西。我认为，人类在了解“数”的概念之前，先产生“量”的概念，这是维持生存的必要条件。选择量较大的食物来储备能量，这是生存的智慧；通过感知冷热了解环境的季节变化，这也是生存的必要之举。生命无法摆脱外在环境而单独存在，所以生命必须去适应这种复杂、多变的环境。

这里的适应有两重含义，它既是同化又是调节（图 1-1）。同化是主动适应，调节是被动适应。寒冷时多穿衣服是被动适应，生火提高外界温度则是主动适应。

生物为了维持生命都要或主动或被动地适应环境。有一些适应行为是本能性的生理功能，可以不用通过大脑而有意为之。例如，当处于闷热的环境中时，流汗就是将体内的热量释放出去的一种无意识的适应行为。而人在感到寒冷时蜷缩身体、动物在寒冷环境中毛发变厚也是如此。

生物为了维持生命需要适应环境，而要适应环境就要正确感知外界环境的变化，例如要先感觉到热，然后才能去适应它。

适应 { 同化（主动）
调节（被动）

图 1-1

1.3 量是信息

我们用感觉器官感知外界环境，感觉器官所捕捉到的，就是反映外界环境的信息。也就是说，环境向生物传递反映外界环境的信息（图 1-2），生物再根据冷热等信息做出相应的反应或行动。很多时候这些信息都以量的形式呈现，例如“温度”这个量反映的就是环境的冷热程度。

信息
生物 ← 环境

图 1-2

再举一例。当我们正准备过马路时，发现远处有一辆汽车驶来。此时，我们先要估算车离我们有多远，再大致判断车的速度，最后根据马路宽度大致估算出穿过马路所需要的时间。收集到距离、速度、时间这三个量的信息后，我们就能判断此时过马路这一行为是否存在危险。

再比如，当商品的价格变高时，暂时放弃购买商品，这也是一种通过量的信息进行判断的行为，此时的量就是商品的价格。

或者当商品价格变低，大量购入商品，这同样是一种通过量的信息去适应环境的行为。

再举个稍微抽象一点的例子。当社会的整体环境变差，例如城市的二氧化硫浓度达到 ×× ppm 时，城市的居民就能判断出需要一些制度上的改革来降低有害气体的浓度。

无论例子是直观的还是抽象的，我们都能看到我们是通过“量”来获取外界信息的，并以此为基础来采取相应的适应环境的对策。

从这个角度来看，量对于维持生命、正常生活，甚至保障国民全体的生存质量而言都是非常重要的概念。因此，培养孩子理解各种量的能力，不仅是数学教育的一大目标，更是数学教育的基石。

量很重要，对于孩子而言也很容易理解，所以本书第 1 章将会反复强调从量出发的数学教学方针。当然，虽说量是数学教学的基础，但我们也绝不能只学习量，其他知识也是不可或缺的。总而言之，量是学习其他知识的出发点和基础。

1.4 教学中量的缺失

如今我们在这里反复强调量的重要性，那么在旧时的日本数学教学体系下，量的地位如何呢？可以说非常糟糕。序章中提到的日俄战争时期的黑封面教科书，其编写方针就是忽视量。

黑封面教科书的编写指导者是藤泽利喜太郎（1861—1933）。

藤泽是日本数学界开山鼻祖级别的人物，曾任东京帝国大学[1]数学系教授。他不仅是数学家，还对数学教育倾注了极大的心力。藤泽以明治人特有的热情研究数学教育，立志在日本的数学教育领域开创一片天地。从这一点上看，他的确值得后人尊敬，但我却无法认同他将量从数学教学体系中删除的做法。这一做法成为之后编写日本国定教科书的指导方针，对后世影响巨大。

藤泽严厉地批评了在国定教科书之前通用的审定教科书时代的算术教科书：

“这些算术书上的数学定义用语虽有差异，但开篇都言量，数学仿若变成量之学问。这是何等错误，数学绝非量之学问。”

在这种极端数学观的指导下，藤泽主张在算术教学中删除有关量的内容。

这种观念代表了19世纪数学界的一个流派。藤泽曾留学德国，并将当时一流数学家克罗内克（1823—1891）的数学思想带回日本，基于此编写了国定教科书，而这一版国定教科书的指导思想就是“数数主义”。我将在第2章中与各位读者具体讨论这种思想，其特征之一就是忽视量。

不过，在“数数主义”指导下编写的黑封面教科书并没能完全贯彻删除量的方针，因为只要教习算术就必然涉及长度、体积、金额等，这些都是量。低年级勉强可以不学这些量，但到了高年

① 现东京大学。

级是根本无法贯彻删除量的方针的。藤泽在自己编写的教科书中，也无法坚持自己的数学教学主张。

藤泽在辞去东大教授职务后曾当选贵族院的敕选议员。他对政治兴趣浓厚，撰写过大量政治论文，甚至曾从数学的角度研究过普通选举法。

藤泽为人精明。虽然他在自己编写的第一本书中主张删除量，但在编写黑封面教科书前的明治三十二年（1899 年）撰写的《数学教育法》中，却对此只字未提。在实际教学中无法完全删除量，想必他在编写教科书之前就很清楚这一点了。

功过分两面，虽然主张删除量是藤泽的“过”，但他的功劳也不少。例如，他主张在小学阶段不应过度练习心算，也无须学习龟鹤算①等复杂的应用题。可惜如今的数学教学体系并没有采纳藤泽的主张，学生被迫大量练习心算、计算复杂的应用题。藤泽的“功”没有得到继承，“过”反而被保留了下来，这着实令人费解。

总而言之，量被排除在数学教育之外，这是昔日日本数学教育的一大缺陷。

① 已知龟与鹤的总数以及龟、鹤的脚的总数，求龟、鹤各有多少只。等同于中国的鸡兔同笼问题。

1.5 量的系统性教学

那么，我们究竟应该如何学习量呢？我认为，首先应该对种类繁多的量进行分类，由易到难，逐步推进。其实学习所有学科都应该由易到难。

关于量的系统性教学，我做了一张图来进行说明（图 1-3）。

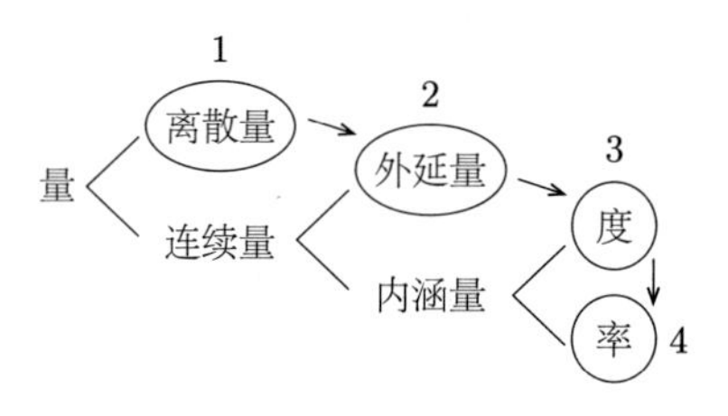

图 1-3　量的体系

量大致可分为离散量和连续量，而连续量又可再细分为外延量和内涵量，内涵量再细分的话可分为度和率。对量的教学只要按照图 1-3 中数字的顺序进行即可。

1.6 离散量和连续量

首先要为大家解释一下什么是离散量。一间屋子里人的数量就是离散量，学生手上拿的铅笔的数量也是离散量。简单地说，离散量表示“有几个”，相当于英语中的“How many”。

离散量中的每个 1 都不能再被继续分割，并且彼此间相互独立、互不相连。离散量表示物品或人的“多”和“少”。屋子里的每个人都不能再被继续分割了，而且每个人都是独立且分散的。

与此相对，连续量表示“有多少”，相当于英语中的“How much”。木桶里的水可以被不断地分成无数份。假设木桶中有 1 升水，那么我们可以不断细分这 1 升水，即可对其进行无穷分割。而无穷分割的另一面就是可融合。两桶水倒在一起就会成为一体。这种可无穷分割、可合并的量就是连续量。

英语会将单复数严格地区分开来，所以“many”和“much”的意义也不同。日语中问苹果有“几个”时，正确的回答应该为“一个”“两个”或“×× 个”。但是，提及同属于离散量的人数时就不说“几个”，而常说“几人”或“多少人”。描述镇上的人口时也用“几户”或“多少户”，而不会用“几个”。由此可见，日语中的“几个”和“多少”不像英语中的“How many”和“How much”那样界限分明，因此我们可以说英语中的“many”和“much”分别相当于离散量和连续量。这两个量虽然同属于“量”，但它们的性质完全不同。若教学中不对二者进行明确区分，学生很可能会将二者混为一谈。

然而，算术教学至今从未对离散量和连续量加以区分，因为从来没有人站在“量”这个原点上去思考教学。

在“数的世界”中，3 个、3 米、3 升都是 3，但从量的角度看它们却各不相同。我会在下文中为大家具体解释数的世界和量的世界的差异。

数的世界类似于黑白电视机，量的世界则像彩色电视机。量的世界丰富多彩，有体积、长度等，但数的世界却要单调许多。彩色电视机能显示出丰富的色彩，黑白电视机则只能用黑白灰来呈现所有色彩。（相应地，明暗层次关系也更明显。）让学生先去理解彩色电视机般的量的世界，之后再转到黑白电视机般数的世界，这样会更好一些。

我们必须严格区分离散量和连续量，并将离散量放在优先位置。离散量与整数对应。数字 1 不能再被继续分割，所以小数不是离散量。也就是说，离散量都是类似于 $1, 2, 3, \cdots$ 这样的整数。

但整数无法表示连续量，因此还需要小数和分数，更进一步的话还需要无理数。我们将这些数统称为实数。

1.7 集合的个数

在问及某一特定物品有几个时，我们常常会用到集合。比如，将屋里的人看成集合，则集合中元素的个数就只能是整数。集合是物的集合，它指代的范围非常广。但是，“有几个”并不是无条件的，指代的对象必须性质相同。只有同质才能说“几个”。

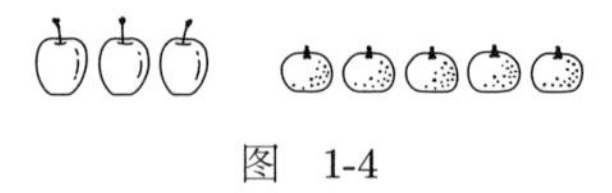

图 1-4

水果店里有 3 个苹果和 5 个柑橘（图 1-4），我们不说水果店里共有 8 个水果，这是因为苹果和柑橘性质不同，它们不能归为一类。我们要将同质的东西分别集中起来，所以应该说有 3 个苹果、5 个柑橘，而不能说有 8 个水果。

同质是量的必要条件之一。就算不是完全相同的东西，但也要将它们近似于同质才行。如今的教科书似乎忘记了这个原则，将完全不同的物体归纳到一起计算。总而言之，从集合到量都必须同质。

1.8 算盘和计算尺

量有离散量和连续量之分，而离散量和连续量在数学中始终都是对立的概念。

计算机有数字（digital）和模拟（analog）两种形式。数字计算机就是离散量型计算机，而模拟计算机是连续量型计算机。“数字”一词的英文是“digital”，其中“digit”有手指的意思，手指是离散量。“模拟”一词的英文是“analog”。虽然这个单词没有连续的意思，但这种计算机的确运用了连续量的计算原理。

上面说的都是非常高级的计算机了，如果用简单的例子来说明的话，可以来看一看最简单的数字计算机——算盘。算盘上一个一个的算珠，只能用于计算离散量。与之相对，最简单的模拟计算机则是计算尺，它可以将数转化为长度。目前高性能的计算机几乎都是数字式的。模拟计算机在正确率方面略逊一筹，但在特定场合下反而更便于使用，就像计算尺虽然不够精确，但胜在使用便捷。

如果用乐器举例，那么钢琴就是数字式的，因为它的音是逐个分离的。而小提琴则是模拟式的，因为它的音是连续的。就像这样，我们从很多例子中都可以看到离散量和连续量是对立的。

1.9 量词和单位

在学习离散量和连续量时，日本人还必须注意日语中固有的量词，它们可以说是日语的特征之一。

几瓶、几张中的“瓶”“张”都是量词，它们接在离散量之后。但在西方国家的语言中，离散量之后是不接量词的。如何在教学中处理量词，成了日本算术教育的一个难题。

日本曾经历过一段严重的崇洋媚外的时代，当时有很多人建议废除量词——不说“几个”，直接说数不也挺好的吗？但语言绝非能轻易改变之物，日语当然也是如此。虽然西方人认为量词是幼稚语言系统的特征，但实际上并非如此。这种差异只是不同思维方式的产物而已，语言并无优劣之分。

在英语中，可区分单复数的名词统称为可数名词。可数名词相当于离散量，而与之相对的“水”（water）和“木材”（wood）等物质名词则属于不可数名词，相当于连续量。

在日语中是不区分可数名词和不可数名词的，会对其一视同仁。用英语表示水量时需要借助装水的容器，如 a glass of water，即“一杯水”。日语中用与之相同的思考方式表达了一张纸、一棵树、一只狗等，这实际上是将只在连续量中使用的词，扩展到了离散量中。

英语中还有一小部分名词，它们实质上是离散量却被看作连续量，也就是所谓的集体名词，如 cattle、people 等。

算术中怎么处理这些量词是一个难题，我们只能在应用题的计算结果后带上“个”“张”等量词。在回答屋里共有几个人的问题时，正确答案应该是“10 个人”而不是“10”，但在计算过程中不需要写“2 个人 + 3 个人”，只写“2 + 3”就可以了。当然，为了帮助学生理解这部分内容，可以在学习计算过程的初期也标上量词，然后再逐步过渡到只在答案后写量词。

离散量的后面不接量词也不会出错，有时让学生加上量词反而会让问题变得复杂。比如，“棵”和“颗” 这两个量词看上去非常相似，但它们实际的意思却大不相同。那么，应用题里的三“ke”树应该用哪个量词呢？让学生花时间区分这些量词是没有太大意义的，毕竟成年人看到答案后都知道是三“棵”树。

不过，连续量，例如“多少米”“多少升”后面都有“米”“升”等单位。单位和量词不同，西方语言中的单位不能省略，因为在计算过程中不标明单位会造成概念不明。在表示长度时，如果不写清是“3 米”，那么就有可能被误认为是“3 厘米”，所以在计算过程中必须带单位。

1.10　外延量和内涵量

前文中量的分类图将连续量进一步细分为外延量和内涵量。

按字面意思来说，外延量具有“向外延伸”之意。概括地说，外延量就是表示程度大或广、能被一眼看出来的量。

内涵量则具有“内在包含”之意。例如，“食堂的饭菜分量大但味道差”，这种判断就是从“量”和“质”两方面对事物进行评价。这种情况下，食物的分量显而易见，但味道却是隐藏于内的。所以内涵量表达的是内在的“质”，我们可将其理解为“质的量”。日本也有人将外延量称为“容度”，将内涵量称为“强度”。

我们在日常生活中接触到的面积、体积、重量、长度、时间等都是外延量，商品的价格也属于外延量。外延量体现事物的广度。除了上面的例子外，外延量还有很多种。

要正确理解外延量，我们要先了解一个名词——相加性。这究竟是什么东西呢？说起来，量并不是事物本身。比如，“2 米”并不是一个具体的事物，而可能是一根棍子的规格，也就是事物的属性。如果我身高是 165 厘米，那么并不能说单独存在“165 厘米”这一事物，而是我这个人的某一属性（身高）是“165 厘米”。所以量不是事物，而是事物的属性。

1.11 相加性

事物和属性有什么关系呢？我们可以将两个事物放在一起，也就是将其合并来思考这个问题。将两个事物合并后，如果其各自属性的量能互做加法，那么这个量就具有相加性，而这个具有相加性的量就是外延量。

体积就具有相加性。两个物体合并后的体积就是两个物体的体积之和。例如 2 升水和 3 升水倒在一起后就变成了 5 升水。但是并非所有的量都是如此，比如温度。将等量的 20 摄氏度的水和 30 摄氏度的水倒在一起，此时水温大约为 20 ~ 30 摄氏度，而不是两者相加后的 50 摄氏度。温度不具有相加性，因为它和体积不属于同一种量，它是质的量。质的量合并在一起时不具有相加性，这样的量就是内涵量。

外延量和内涵量的最大区别就在于外延量具有相加性，而内涵量没有。我们可以将外延量理解为能表示广度或大小的量，因此是可以相加的。

当然对于学生来说，能直观看到的外延量显然更好理解。在计算外延量时使用最多的就是加法和减法，因此可以说外延量是与加法、减法相关的量。与之相对，内涵量则是与乘法、除法相关的量。

如果在算术教学中不区分这两种量，那么在遇到“把 20 摄氏度的水和 30 摄氏度的水倒在一起后水温是多少”的问题时，恐怕就会有学生回答“50 摄氏度”。这是因为他们将温度这种内涵量误认为是外延量，以为所有的量在合并后都能进行加法运算。如果不对这两种量加以区分，那么学生在做应用题时就会犯错。相加性是外延量的独特性质，教师在教学中要特别注意教授这一点。

1.12 重量

重量是可相加的量，两个物体合并后的重量，就是两个物体的重量之和。然而，在目前为止的日本教育中，这一点似乎未被正确地教授。

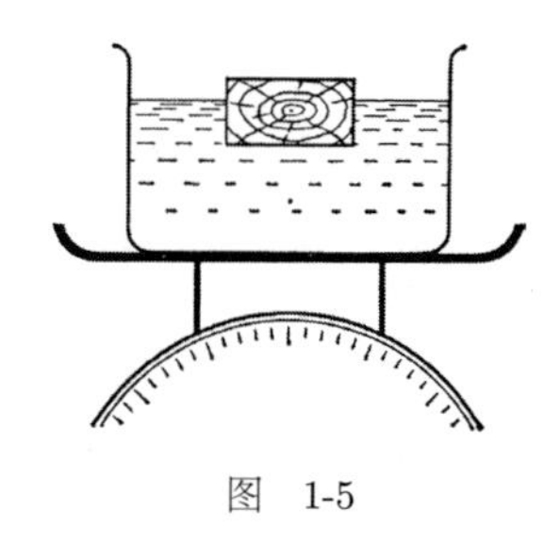

图 1-5

求将 2 千克的物体和 3 千克的物体放在一起后的总重量，其实就是进行简单的“$2+3$”的加法运算。但是，即使在计算上可以毫无疑问地计算 $2+3=5$，也可能有学生无法从量的角度来理解这个过程。一个 60 千克的人和一个 55 千克的人同时站到体重秤上，通过计算“$60+55$”就能知道体重秤的指针最终会指向哪个数，这很简单。但是，如果换成一个人背着另一个人站在体重秤上呢？可能有的学生就糊涂了。就像这样，重量的相加性，对于孩子而言，在理解上还是有些难度的。

换成把木头放到水里的情况（图 1-5），比如将一块 100 克的木头放入 500 克的水里，此时木头和水的总重量是多少呢？面对这样的问题，有很多学生会不知所措。再把这个问题变得复杂一些，如果这 500 克水里还有一条 100 克的金鱼，那总重量又是多少呢？不知道答案的学生估计会更多。所以，哪怕“重量”这个量看起来很简单，我们也需要对其进行详细讲解。不过，现在倒不用担心这个问题了，因为如今的孩子都是从“数的世界”开始认识加法的。

1.13 单位的导入

下面来说一说外延量的单位的导入，即如何确定单位的问题。离散量中的 1 从一开始就存在，任何人都不能质疑 1 是否为 1。比如屋里有 1 个人，这是一看便知的事实，但连续量中的 1 却并非如此。例如，表示水的体积的“1 升”并不是从一开始就存在的，它是经过很多个步骤后才定下来的。

但是现在的教科书在讲到体积时会直接说，这是 1 升水，三份 1 升水就是 3 升水。这种解释使得外延量和离散量看起来毫无区别。学生不知道“升”是人类后来才创造出来的单位，将其与离散量混为一谈，自然无法意识到连续量的特性。

在教学中导入单位的知识点时，需要进行详细说明。对外延量的单位的导入，最好通过四个阶段来进行。这四个阶段分别是直接比较、间接比较、个别单位和统一单位。教学时最好依照这四个阶段，循序渐进地将有关 1 米、1 升等单位的内容仔细地教授给学生。

1.14 直接比较

本章开篇提到过，量始于比较，“大”与“小”就暗含了比较之意。

以长度为例，如果要比较同一个班里的太郎和二郎两人谁更高（图 1-6），那么我们不需要用尺子去测量他们的身高，只要让他们背对背站在一起，就能判断出谁更高。这种比较就是直接比较。这种情况下，我们能立刻比较出两个物体孰大孰小。小孩更愿意去拿较大块的点心，这就是在进行了直接比较后做出的判断。这是最简单的比较，也是比较的初级阶段。

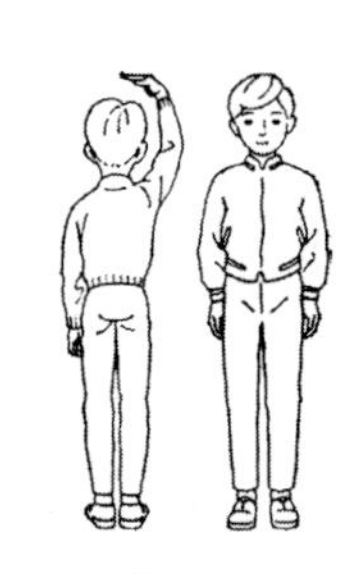

图 1-6

1.15 间接比较

话说回来，很多时候我们是无法进行直接比较的。

例如，当我们要比较分别生活在东京和大阪的两个学生的身高时，除非让一方坐车去对方生活的城市，否则就无法进行直接比较。再比如，我们也无法直接比较教室前方讲台的长度和教室后方书架的长度。

无法进行直接比较时就需要借助第三方媒介，比如我们可以在绳子上截取与讲台长度相等的一段，然后再用这段绳子和书架做比较，这就是间接比较。

人类从未开化到逐步发明出单位，其间经历了漫长的过程。最初在小型原始部落里要比较两个物体时，只要使用直接比较法就够了。但是，随着社会生产规模的不断扩大，人类对间接比较的需求也越来越大。

1.16　个别单位

导入单位的第三阶段是个别单位。例如，当我们要比较两座教学楼的长度时，绳子显然是不够用的，这时我们会想到用步幅来测量。同一个人在第一教学楼前走了 100 步，在第二教学楼前走了 120 步，自然是 120 步的教学楼更长。不过，每一步的步幅不同会造成结果的不准确，所以在测量时必须要让测试者尽量保持步幅一致，这样才能比较准确地计算出总长度。这里的“步幅”就是个别单位。

我们在日常生活中经常使用这种方法。在没有尺子时，我们会用大拇指和食指比画出一个长度进行测量，而两指间的长度就是个别单位。当然我们也可以用随身携带的笔来丈量长度。人类的智慧是无穷的，即使没有长绳，也有各种办法比较物体的长度。

商品的价格也同理。古人用毛皮的张数或贝壳的个数表示价格，这里的毛皮和贝壳就是价格的个别单位。不过，这只能在规模较小的社会中使用。

1.17 统一单位

个别单位存在明显的缺陷——混乱、不统一，比如每个人的步幅就不一样。因此，米、尺和英尺等单位便应运而生了，它们就是统一单位。

如今的数学教学，大多会跳过前面三个阶段而直接讲授统一单位。这会导致学生无从理解古人创造单位的必要性。因此，向学生详细讲述米、升等统一单位的产生过程是社会[①]课非常难得的教学素材。

统一单位随社会发展进步而生。在只有一个人的环境下，单位是不会诞生的，它是全社会需求的产物。可以说，单位也是一种语言。只有一人的世界不需要语言，而多人一旦形成社会就需要用语言来沟通和交流了。

个别单位向统一单位转化，可以来看下面这个例子。英国码磅度量衡制中“码”（听说最近已经不怎么使用“码”了），当初是如何决定的呢？据说英国国王亨利一世，将他自己水平张开双臂时其鼻尖到指尖之间的距离定为一码。亨利一世定下的一码对其自身而言是个别单位，但这一个别单位随后却变成了国家的统一单位。

虽然社会进步会催生统一单位，但其诞生必须依附强大的国

① 日本小学、初中、高中的教学科目之一，包括历史、地理、政治、经济等。

家权力，因为国家强制力在推行统一单位的过程中是不可或缺的。

在距今 4000 ~ 5000 年前的古埃及和古巴比伦时期，有很多统一单位都是在强大的国家权力下诞生的。

日本在奈良时代[①] 诞生了国家，当时的政府十分重视表示谷物容积的单位——升、斗，并大力推广、维护这些单位。

农业是古代国家的根基，农民的年贡影响着国家的命脉。年贡的数量在统计上出问题，会直接威胁国家的稳定。日本寺院的僧人会这样告诫大众："在年贡的计量单位上犯错者，死后会下十八层地狱，来世还会投胎成牛，辛劳一生。"可见，日本曾借助宗教的力量来维护统一单位的地位。

到了德川幕府第八代将军吉宗的时代，幕府颁布法律，规定将谷物计量犯错者"游街斩首示众"。对于靠农业立身的德川幕府来说，谷物容积的计算是重中之重。不过，长度似乎对政权统治产生的影响不大，所以历史上强制统一长度单位的情况似乎比较少。从这个角度看，单位的诞生是社会课重要的教学题材，它可以反映出社会的发展变化。

外延量包括体积、长度等。体积似乎比长度更好理解一些，"大小"也比"长短"简单易懂。这是因为我们在观察物体长度时，要忽视物体的宽度，而这需要一定的抽象能力。有的物体虽然很宽却很短，也有的很细却很长。所以在比较物体的长度时，

① 710—784 年。

我们不能受宽度的影响，要做到只看长、不看宽。从这一点看，长度确实更复杂。

小学里能学到的外延量还有重量。重量比体积和长度都更难以理解，而难点主要在于它的相加性，所以更需要教师耐心、详细地讲解。

1.18 时间

比重量更复杂的外延量就是时间了。也许有人会对时间是否属于外延量这一点心存疑虑，在此我们姑且把它看成一个外延量吧。其实，看不见摸不着的时间很难被量化。现在教科书上教的不是时间，只是钟表的读法。当然了，要正确量化时间，确实应该教授如何使用钟表这一度量时间的工具。

但是，这种教学方法会导致很多学生认为没有钟表的地方就没有时间，因此我们需要抛开钟表，让学生重新认识时间这个量。

即使没有钟表，我们也能通过其他方法感受时间。人体的脉搏或呼吸从某种意义上说和钟表的作用相同，虽然不够精确但也能度量时间。

从最开始的“比较身高”，到最后出现“时间的单位”，按照这样的顺序教授，学生就能自己思考和理解单位的诞生了。

在实际的教学过程中，教师还可以使用下面这个例子。准备两个规格相同的空罐子，比如橘子汁饮料罐，在罐子上各开一个口，并且让这两个口的大小不同。在罐子里装满水后，再让两个罐子通过开口排完水，之后让学生比较这两个罐子排完水所花的时间。因为每个罐子的开口都是固定的，所以同一个罐子每次排水的时间也是固定的。

像这样，学生会逐步去尝试直接比较和间接比较，并且会在思考如何使用个别单位时动一番脑筋。比如，怎么测算排完水的时间呢？大部分学生会使用点头法，也有学生使用踏步法，还有通过唱歌计时的。唱歌时一拍接近一秒，此时“一拍”就是个别单位。歌唱得越久就说明排完水所花的时间越长。

教师可以让学生想象自己遇到了和《鲁滨孙漂流记》中的鲁滨孙一样的境况，在海上遭遇风暴后漂流到了一个没有钟表和尺子的荒岛上，此时就需要自己想办法计算时间了。在没有钟表和尺子的世界里，学生通过学习和思考直接比较、间接比较、个别单位、统一单位这四个阶段，就能理解和掌握外延量的单位了。

1.19 内涵量

内涵量种类众多，诸如速度、密度、浓度、温度、利率等。这些内涵量的名字很有特点，都带有“率”或“度”，所以很好辨别。为这些单位命名的人，或许也意识到了它们都是内涵量吧。在向学生讲解内涵量时，最好选出最典型的内涵量作为教授起点。

哪个内涵量最典型呢？那就是密度。密度指的是某个容器内物质的含量，例如人口密度指的就是单位面积内的人口数量。最适合向学生举的例子是“拥挤程度”，比如交通工具的拥挤程度。学生只要在马路上观察来往的交通工具就立刻能理解了。

在同样大小的电车里，有 100 人时要比只有 50 人时更拥挤，这是显而易见的。

接着可以向学生提问，共 4 节车厢的电车中有 400 人，共 7 节车厢的电车中有 800 人，两者相比，哪个更拥挤呢？我们假定乘客都均匀地进入各节车厢，这样就可以通过计算来判断哪辆车更拥挤。虽然拥挤程度我们一看便知，但通过计算，我们不用去看也能做出正确的判断。

要比较两辆车的拥挤程度就需要知道在每节车厢里有多少人，而要想知道每节车厢有多少人就需要进行除法运算。在这个例子中，每节车厢的人数就是密度，也就是内涵量，密度代表了车厢的拥挤程度。即使没有亲眼看见这两辆电车，我们也能通过计算判断出哪一辆更拥挤。

这个例子中，具体应该如何计算呢？外延量使用加法、减法来计算，而内涵量则可以使用乘法、除法计算。从计算的难易程度考虑，教学中也应该先教授外延量后教授内涵量，在思考时也是外延量简单而内涵量复杂。

古埃及人、古巴比伦人在数千年前就发明了长度、体积和面积等外延量，但内涵量在此后很久才出现。据说欧洲人直到 13 世纪才发明内涵量，此前他们甚至不知道用温度表示冷热。

1.20 密度的三种用法

现在我们已知密度是典型的内涵量，它表示装满物质的容器内，物质间的拥挤程度。人口密度就是在作为人口“容器”的“面积”内，人口的拥挤程度。

下面我仍以电车的拥挤程度为例，为大家解释内涵量的基础计算。

4 节车厢内共有 800 名乘客，车厢的拥挤程度可以用每节车厢内的平均人数来表示。

用表示总量的 800，除以表示容器个数的量 4，结果即为单位容器内的物质量。

$$800 \div 4 = 200$$

即

$$\text{总量} \div \text{容器个数} = \text{单位容器内的物质量}$$

通过计算得到的单位容器内的物质量就是密度。

这是密度的第一种用法，推而广之也是所有“度”的第一种用法。我们可以将其看作把 800 人平均分配到 4 间屋子，求每间屋子内各有多少人的问题，相当于做了等分除的运算。（请参照本书第 94 页。）

此外，我们可以利用密度，也就是单位容器内的物质量和容器个数推算出物质的总量。

$$200 \times 4 = 800$$

即

$$\text{密度} \times \text{容器个数} = \text{总量}$$

这个乘法等式是密度的第二种用法，也是所有“度”的第二种用法。

最后，用物质总量和密度还能推算出容器个数。

$$800 \div 200 = 4$$

即

$$\text{总量} \div \text{密度} = \text{容器个数}$$

这是密度的第三种用法，也是“度”的第三种用法。我们可以将其等同于计算在 800 里包含了几个 200 的问题，所以相当于做了包含除的运算。（请参照本书第 94 页。）

以上内容总结如下：

第一种用法　总量 ÷ 容器个数 = 密度（等分除）

第二种用法　密度 × 容器个数 = 总量

第三种用法　总量 ÷ 密度 = 容器个数（包含除）

由上可知，内涵量的计算以乘法、除法为主。

1.21　从量到数

下面来看量和数的四则运算。四则运算是指 $+$、$-$、$\times$、$\div$ 四种运算法，即加减乘除法。

关于四则运算法有两种观点。传统观点认为，其他三种运算都由加法衍生而来（图 1-7）。在此我将为大家说明另外一种观点，即量才是四种运算方法的基础。这与传统观点是截然不同的。

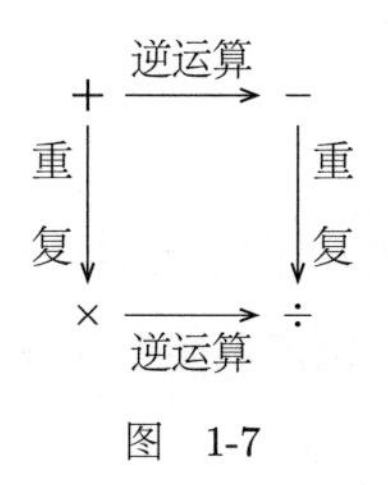

图　1-7

我将在第 2 章“数数主义”这一小节中对传统观点进行详细说明。这种观点认为加法是所有运算的基础，将加法反过来计算就是减法，也就是逆运算，而重复的加法运算又衍生了乘法。

$2\times3=2+2+2$，即加法的重复运算就是乘法。因为 $2+2+2$ 写起来太长，所以就用形式看上去更简洁的乘法替代。将乘法反过来计算就产生了除法。如果能平分，那么就是等分除。同样，重复的减法运算也会产生除法。

例如解答“在 15 中包含几个 3”的问题时，我们可以用 15 持续减 3，只要重复几次就能得出答案。包含除就是一种减法的重复运算。传统的数学运算教学就建立在这个理论基础上。

但是按照我在前文中提到的方法，加法、减法应该是外延量的运算方法，而乘法、除法则应该是内涵量的运算方法。如图 1-8 所示，不同的量导致了不同的计算方法。+、− 与 ×、÷ 是性质完全不同的运算法。

外延量	$+ \xrightarrow{\text{逆}} -$
内涵量	$\times \xrightarrow{\text{逆}} \div$

图 1-8

1.22 乘法的意义

本章我们先来学习乘法，在此要使用一种和以前截然不同的教授方法。以 2×3 为例，可将该运算看作“单位容器内的物质量，乘以容器个数，得出物质总量”的运算。2 相当于单位容器内的物质量，3 则相当于容器个数。

因此，2×3 就表示当物质量为 2 时，3 份单位容器的物质总量。

例如，每只大象有两颗象牙，那么三只大象的象牙总数就是 2×3 颗。每只兔子有两只耳朵，那么三只兔子的耳朵总数也是 2×3 只（图 1-9）。

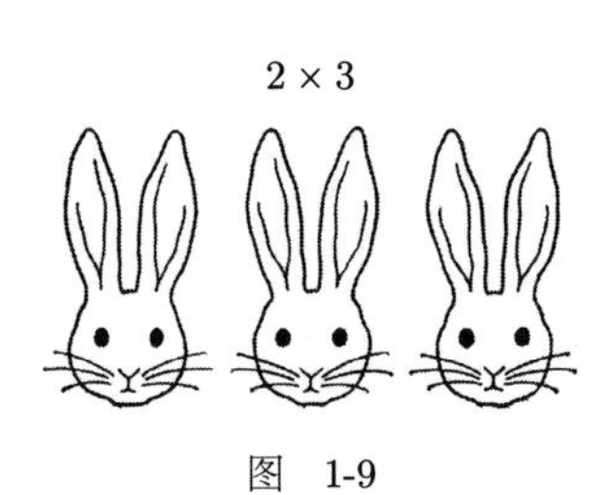

图 1-9

这才是乘法的数学定义，在这个定义中并没有使用加法。虽然用 $2+2+2$ 这样的加法运算也可以推导出乘法，但这种算法却失去了乘法本来的意义，因此应该对二者加以严格的区分。

一只兔子有两只耳朵，那么三只兔子共有几只耳朵？在第一次遇到这个问题时，肯定会有学生用 $2+2+2$ 的方法计算，也会有学生使用 $3+3$ 的方法。如果问后者这样计算的原因，学生会说三只兔子有三只左耳和三只右耳，所以是 $3+3$。甚至还有学生会先在纸上画出耳朵，$1,2,3,4,\cdots$ 然后再一只一只地数。这些方法都正确，学生们都读懂了问题，只是计算方法各有不同而已。但是，以上这些计算方法都背离了乘法的原意。只有回归乘法的原意才能实现由易到难、循序渐进的过程，这样的思考方法也更具发展性。

乘法就是累加——这种将乘法等同于重复进行的加法运算的解释会使之后的教学活动陷入僵局。受先入为主思想的影响，虽然 2×3、4×5 等都可以累加，但学生们在升入二年级后会遇到 2×1 这只“拦路虎”。此时不用加法就能得出 2，所以 2×1 会让学生们感到很费解。成年人会认为得出这样的答案是理所当然的，学生们却会一头雾水：“为什么没有累加？用乘法算出的数字难道不应该比原来的数更大吗？”

但使用基于量的教学方法却可以轻松地解释这个问题。$2\times1=2$ 是因为只有一只兔子，那么兔耳的总数当然只有两只。

传统教学法更难解释 2×0 的计算结果。一些学生不做加法就不会解乘法，而做这道题不仅没用加法，并且得出的答案居然是比 2 更小的 0。

可是从量的角度解释这个问题就很简单。0 是兔子的数量，没有兔子当然也就没有兔耳了。学生不费吹灰之力就能得出 $2\times 0=0$。

1.23 分数的乘法

借助量也能毫无障碍地讲授分数的乘法。例如，每米布料 500 日元，买 $\frac{3}{4}$ 米布需要多少钱？我们都知道答案是 $500\times\frac{3}{4}$。那么这个答案是如何得出的呢？首先，想得到 $\frac{1}{4}$ 就要除以 4，又因为 $\frac{3}{4}$ 是 3 份 $\frac{1}{4}$，所以要再乘以 3。这里没有用加法定义乘法，计算过程简单易懂。可以说，“$\times\frac{3}{4}$”和加法没有任何关系。

但在传统算术教学中，最让人头疼的就是“× 分数”和“÷ 分数”了。学生们之所以不理解“× 分数”的运算，就是因为他们在上二年级时学的乘法是加法的重复计算。但“$\times\frac{3}{4}$”的运算没有用到加法，学生自然会感到困惑不解。

1.24 语言差异

“乘”在英语中用 multiply 一词表示，它还有“增加”之意。multi 即为 many，表示“变多”。在《圣经・旧约》中，“在地上多多滋生，大大兴旺”这句话的英文原文用的就是 multiply 这个词。这样看来，“× 分数”的运算似乎并不符合这个单词的含义。日语中的“掛ける”（乘）并没有“增加”的意思，“8 掛け”（打八折）甚至还有减少的含义。所以在日语中用了“乘”这个单词后，最终的结果反而变小了，发生这样的情况也一点都不稀奇。一味贴近英语里的 multiply 而忽视日语单词“乘”与乘法的相通性，反而会产生“乘法即增加”这种错误的观念。

很多人明明在刚进入小学时很喜爱算术，但却在学了“× 分数”和“÷ 分数”的运算后逐渐对算术生出厌恶之情。而学生之所以产生了这样的转变，可以说教师是难辞其咎的。在二年级时向学生灌输“乘法是加法的重复运算”的观念，等学生升到五六年级时又让他们忘记在上二年级时学过的内容，学生自然会产生厌恶情绪。

学生受到藤泽利喜太郎“数数主义”的影响，在面对“× 分数”的运算时会变得束手无策，这是因为该主义没有教会学生正确计算“× 分数”的方法。所以在讲到“× 分数”的知识点时，黑封面教科书要求学生记住计算“× 分数”要先除以分母再乘以分子。学生死记硬背后的确能算出答案，但在遇到实际问题时却会犯糊涂。看见明确写出来的“$\times\frac{3}{4}$”会计算，那么什么问题会实际用到“$\times\frac{3}{4}$”的运算呢？书上没写，所以不会。不会不是因为笨，而是因为算术的基本教学原则有误，学生自然不会解题。

从量的角度思考数的运算时，我们应该在严格区分加减法和乘除法的前提下将二者结合，对除法运算的讨论则应该在等分除的基础上展开。我将会在第 2 章中详述具体的方法，本章只从量的特点出发讨论四则运算。

1.25 度和率

聊到这里，想必各位读者对小学阶段有关量的重要知识点都已了然于胸了。但我在此还要提醒的一点是，内涵量还分为度和率两种。

度与实际情况未必完全一致，它表示容器内物质的拥挤情况。密度如此，速度也是如此。速度表示物体在单位时间内的移动距离，温度则可被理解为热量的分布情况，而热量又是一种更复杂的概念了。

率所指的并不是装在容器内的物质，而是两个同类的量的数之比。

利率是钱数之比，概率一词中也有一个“率”字。浓度一词里虽然有一个“度”字，但它的实质是率。浓度指在多少克物质里溶解了多少克其他物质，是用克数除以克数后得出的，得到的结果是没有单位的数，这就是率。

虽然率看上去很简单，但其实更容易理解的是度。这是因为度指的是容器内物质的拥挤程度，所以更容易理解一些。因此，按照难易顺序来说也应该先学度、再学率。

1.26 高级的量

前文中提到的都是小学程度的初级量，它们也是众多量中的基础量。此外还有很多更高级的量，比如物理学中的力、运动量、能量等量，社会科学中的人口、GNP（国民生产总值）等。

量的世界着实多彩，但意外的是，新量的诞生过程却非常简单。很多新的量是由已知量进行乘法或除法运算后得来的。

比如，速度由距离 ÷ 时间得来，面积由长 × 宽得来，能量（功）由力 × 距离得出。

也就是说，乘除法具有利用已知量推算出新量的能力，而加减法则只能在同类型的量之间进行运算且无法得出新的量，因此没有创造新量的能力。

从这一点也能看出加减法和乘除法的区别。由加法推导出其他运算法则的传统方法显然是行不通的。

每秒移动 4 米的物体在 3 秒内能移动多少米？在传统的算术教学中是绝不允许列出下面这个式子的。

$$4\ \mathrm{m/s} \times 3\ \mathrm{s} = 12\ \mathrm{m}$$

这是因为该等式无法用乘法是加法的重复运算来解释。但从我在前文中为大家介绍的乘法的全新意义来看，这个式子就非常简单易懂。

这种方法是初高中必学的内容。这种以量纲[①] 表示量的方法合理自然，事半功倍。

单位换算也属于其中一例。

5 平方米是多少平方厘米呢？此时 5 平方米中的“米”就可以用 100 厘米直接替换，即

$$5\ \mathrm{m}^2 = 5(100\ \mathrm{cm})^2 = 5 \times 100 \times 100\ \mathrm{cm}^2 = 50\ 000\ \mathrm{cm}^2$$

再如，计算速度为 8 千米每小时的某物体每秒移动多少米时，可以将等于 1 千米的 1000 米和等于 1 小时的 3600 秒直接代入式子，即可得

$$8\ \mathrm{km/h} = 8 \cdot 1000\ \mathrm{m}/3600\ \mathrm{s} = \frac{8000}{3600}\ \mathrm{m/s}$$

借助量纲的表示法可以大大减少在换算单位时需要记忆单位的麻烦。

1.27 多维量

升入初中后，学生们将会遇到很多更加深奥的多维量。以体检表为例，其中包括身高、体重、胸围等多个体检项目。身高是一个量，代表了体检人的一个属性，体重、胸围也是如此。不同

① 表示某物理量和基本量关系式的指数。

的量从不同侧面反映了同一事物的属性。我们可以通过体检表上的数据大致判断出体检人的体格，此时身高、体重、胸围就是三维量。人的体格就是由多维量构成的。

我们在升入初中前学习的都是单维量，而将多个单维量整合到一起就形成了多维量，也就是向量。向量就是将类似于“身高、体重、胸围”等多个量重新排列后形成的量。

1.28 向量和矩阵

提到向量，很多人首先想到的是带箭头的线段。然而，从多维量的角度理解向量更有助于后续的学习，也更简单和全面。

体检中的众多检查项目可以帮助我们全盘掌握体检人的体格和体质。除了在上文中提到的身高、体重、胸围，如果再加上肺活量、握力检测等项目，那么量就不再是三维的，而是六维、甚至是八维的了（图 1-10）。将从各个侧面反映事物特征的量排列后即可得到多维量，也就是数学中的向量。

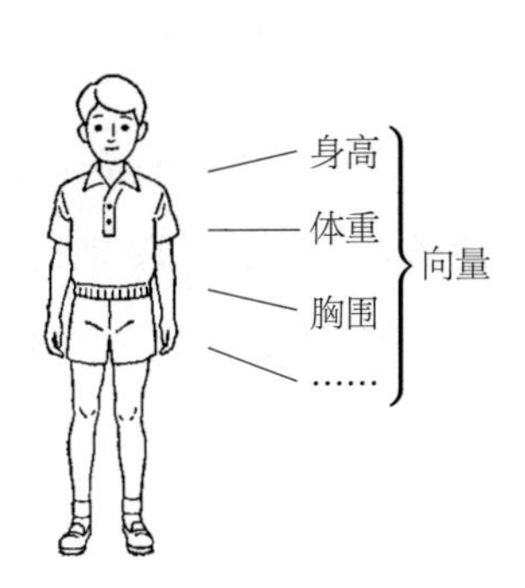

图 1-10　多维的量

日本的报纸会刊登每场棒球比赛的数据，上面详细记录了运动员的打数次数、本垒打次数和击球得分等信息，这些都是反映运动员成绩的多维量。将打数、安打次数、击球得分、三振数、死球数等各种量整合在一起就构成了向量 $[4, 1, 0, 0, 1]$。每个运动员都有自己的向量。由向量排列而成的长方形数组就是矩阵（matrix）。在每则棒球新闻中都会出现矩阵（图 1-11）。

【巨 人】		打数	安打	打点	三振	四死
［左］	高 田	4	1	0	0	1
［右］	柴 田	4	1	0	0	1
［一］	王	5	1	2	1	0
［三］	长 岛	2	1	0	1	3
［中］	末 次	4	2	4	1	1
［游］	黑 江	3	1	0	0	0
打	萩 原	0	0	1	0	0
游	上 田	0	0	0	0	0
［二］	土 井	4	0	0	0	0
［捕］	森	4	1	1	0	0
［投］	堀 内	4	0	0	2	0

$$\begin{pmatrix} 4 & 1 & 0 & 0 & 1 \\ 4 & 1 & 0 & 0 & 1 \\ 5 & 1 & 2 & 1 & 0 \\ 2 & 1 & 0 & 1 & 3 \\ 4 & 2 & 4 & 1 & 1 \\ 3 & 1 & 0 & 0 & 0 \\ 0 & 0 & 1 & 0 & 0 \\ 0 & 0 & 0 & 0 & 0 \\ 4 & 0 & 0 & 0 & 0 \\ 4 & 1 & 1 & 0 & 0 \\ 4 & 0 & 0 & 2 & 0 \end{pmatrix}$$

图 1-11

向量和矩阵的基础都在于量。与向量或矩阵相关的代数就是会在大学里学到的线性代数。代数的研究对象是单个的量，而线性代数的研究对象是各种量的组合。虽然稍微复杂一些，但线性代数仍然以量为基础。

第2章　数

2.1 一一对应

离散量个数的概念来源于“一一对应”。

从离散量到整数，这一过程是从“一一对应”开始的。那么何为一一对应呢？例如，屋内有很多把椅子，用现在专业的数学语言来说的话，这是一个椅子的集合。此外屋内还有很多学生，所以屋内有椅子的集合和学生的集合。如果恰好一个学生坐一把椅子，这就是学生的集合与椅子的集合的一一对应。若有人无椅子坐或者有椅子无人坐，则就不是一一对应。

一对一的搭配或组合就是一一对应。在日常生活中，我们时刻都在有意识或无意识地进行一一对应。

给每个人上一杯茶，这就是人的集合和茶杯集合的一一对应。上茶之人实际上就进行了一一对应的行为。

集合不限于具体物质，抽象之物也可以形成集合。一周七天就是{周一、周二、周三、周四、周五、周六、周日}的集合。印在我们脑海中的 $1, 2, 3, \cdots$ 是数字（表达数的语言）的集合。我们数有几把椅子时，就是将脑海中表达数的语言的集合与椅子的集合进行一一对应。数数就是一一对应，这是“数”这一概念的出发点。

椅子的集合与学生的集合虽然在物质的性质上有所不同，但若两者的个数都是 5，可以进行一一对应。将两者进行一一对应、确认二者的个数并无多余或不足后，就可以将两者赋予 5 这一相同的名字。这就是 5 这个数的来源。

椅子的集合、学生的集合、帽子的集合，又或者是雨伞的集合，只要集合里元素的个数是5，那么它们就都有一个共同的名字——5。就像同一个家族中成员的姓氏都相同，这些元素个数为5的集合都是一个姓氏为5的家族中的成员。

这就是基数——所有可以进行一一对应的集合，可被赋予的共同名字。

2.2 康托尔的集合论

集合论由德国数学家康托尔（1845—1918）于19世纪末创立，他根据“一一对应”的思路，思考出了处理无穷集合的元素个数的方法。对于有限集合而言，完全没有必要去使用集合论，而康托尔将有限集合的元素个数的处理方法推广到了无穷集合。

基数可以说是集合中元素的个数。离散量就是通过一一对应来确定的。因此，教学中最好拿出足够的时间和精力，向学生详细讲解“一一对应”究竟是什么。

例如有一些人偶和配套的和服，要给每个人偶都穿上和服，人偶与和服之间就是一一对应的关系；吃午餐时，食堂给每个学生发一个餐盘也是一一对应的行为。

当然，在实际生活中也有无法做到一一对应的情况。比如，有5把椅子，但学生只有3人，进行一一对应后就会剩余2把椅子，椅子的个数要比学生的个数多。此时，有剩余的一方就会显得“大”，没有剩余的一方就会显得“小”。

大小的概念由此产生，即两者进行一一对应，出现一方存在剩余的情况时，存在剩余的一方为“大”。将学生的集合命名为 3，椅子的集合命名为 5 的，就可以得到 5 比 3 大，用数学符号写作 $5>3$。

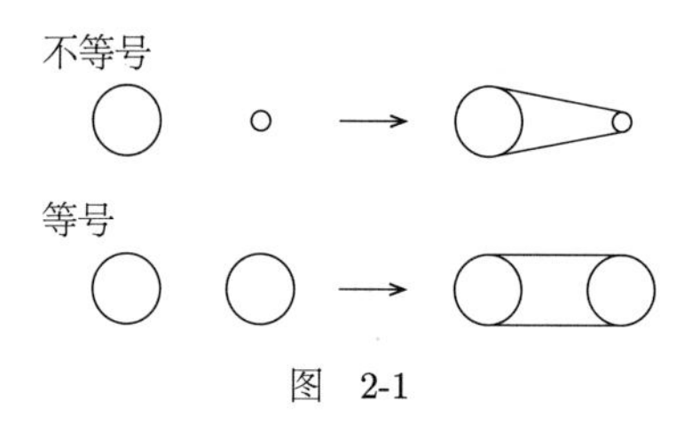

图 2-1

这个符号简单易懂。大小有别的两方进行比较，情况如图 2-1 中的第一行，所以用不等号（图中情况为 $>$）表示。完全相同的两方进行比较，情况则如图 2-1 的第二行，所以用等号（$=$）表示。

集合也会出现比较大小的情况。日本 1968 年的《学习指导要领》中增加了表示大小关系的不等号的相关内容。在此之前，日本一直没有将不等号的相关知识列入小学算术的教学内容中。

仍以椅子为例，我将在下文中用符号 {⅃|} 表示椅子的集合。将刚才有 5 把椅子的集合命名为 5，有 3 名学生的集合命名为 3，将二者对应后，椅子的集合中会多出两把椅子。这样一来，我们就可以赋予两者大小顺序（图 2-2）。

以此类推，我们可分别将集合依照基数命名为 $1, 2, 3, 4, \cdots$（图 2-3），并依照各集合的基数大小顺序将它们如下排列。

$$1 < 2 < 3 < 4 < \cdots$$

这种排列是没有穷尽的。此时，不存在大于 1 且小于 2 的基数，同理也不存在介于 2 和 3、3 和 4、$\cdots$ 之间的基数。

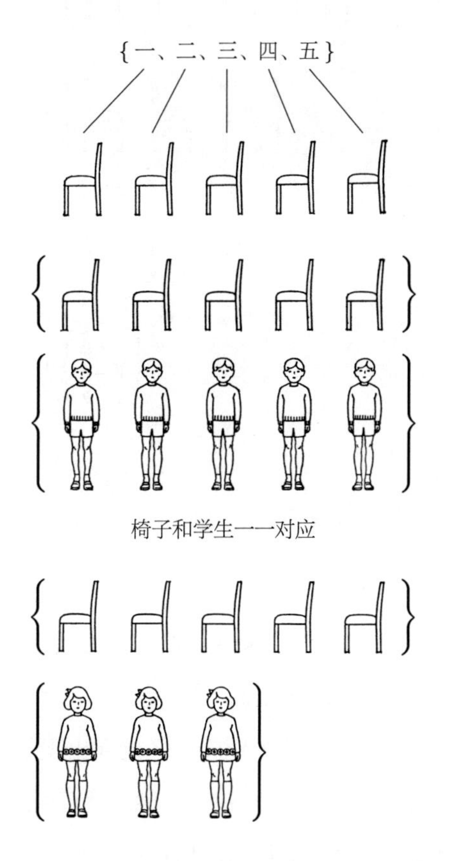

无法一一对应，有剩余的一方大，大小关系明确
$5 > 3$

图 2-2

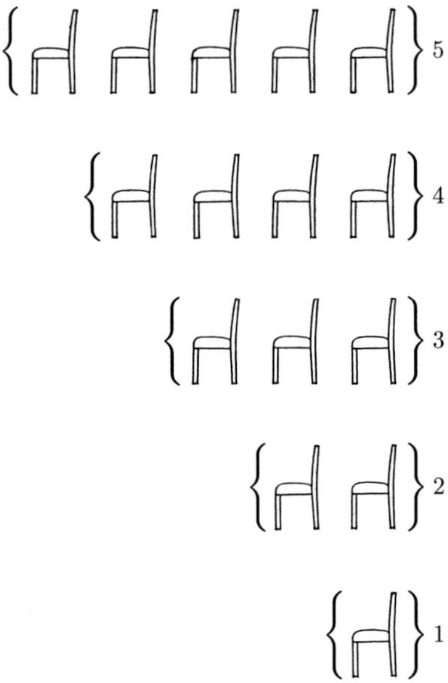

$\{\ \}5$

$\{\ \}4$

$\{\ \}3$

$\{\ \}2$

$\{\ \}1$

图　2-3

2.3　序数

在基数间进行一一对应后，像 2 大于 1、3 大于 2 这样的大小关系也随之形成了。在 $1 < 2 < 3 < 4 < \cdots$ 这个大小关系中，会出现某个基数是第几个数的描述，这就是序数。

至此，基数和序数这两个概念已经全部出现了。“数数主义”主张先讲序数后讲基数，而我则建议先讲基数后讲序数。

这是因为基数来源于离散量，所以先由量引出基数，然后再通过比较大小来引出序数的顺序更合理。

欧洲国家会在算术教学过程中严格区分基数和序数，但日语的语言特点使得日本的算术教学不会特意去对二者进行区分。这是因为日语对基数和序数的表达差别并不大，只要在基数 $1, 2, 3, \cdots$ 后加上“番目”[1]一词即可将其变为序数。

欧洲国家之所以会严格区分基数和序数，是因为其使用的语言对基数和序数的表达完全不同。在英语中，基数用 one、two、three 等词语表示，序数则是 first、second、third 等。third 由 three 变形而来，两者之间尚且存在一些联系，而 one 和 first、two 和 second 看起来就完全不沾边了。当序数和基数的语言表达差异巨大时，自然需要对序数词格外留意。小学低年级的算术教学必须考虑本国的语言特点。从这一方面来说，日本的小学低年级算术教学使用日式的表达方法显然更加合理。法语与英语同理，序数 premier（第一）和基数 un（一）完全不同，德语的序数 erst（第一）也和基数不同。

这样看来，欧洲人的语言中，与数相关的部分似乎并不方便，因此日本无须模仿。

2.4 求剩和求差

为了使孩子能明确基数和序数的区别，我们可以参考以下方法进行讲解。

① 意为中文的“第”。例如，“一番目”就是“第一”的意思。

例如在数图 2-4 中苹果的个数时，大多数人会用单手数，但这样数出来的数是序数，即每个苹果分别对应了 $1, 2, 3, 4, \cdots$。

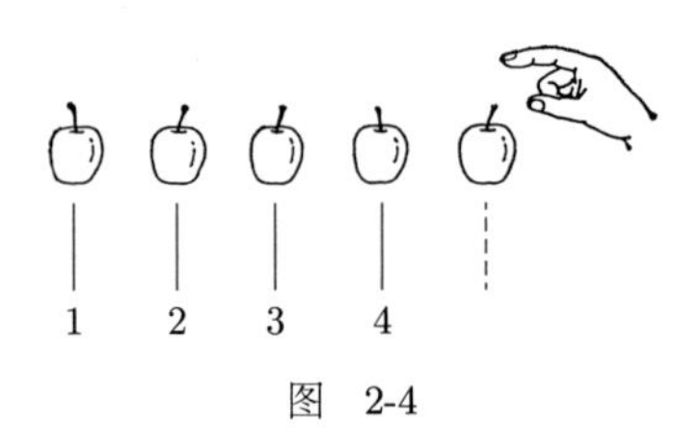

图 2-4

如果要让数出来的苹果数是基数，则可以使用图 2-5 中双手围起苹果，然后逐渐扩大双手范围的方法。

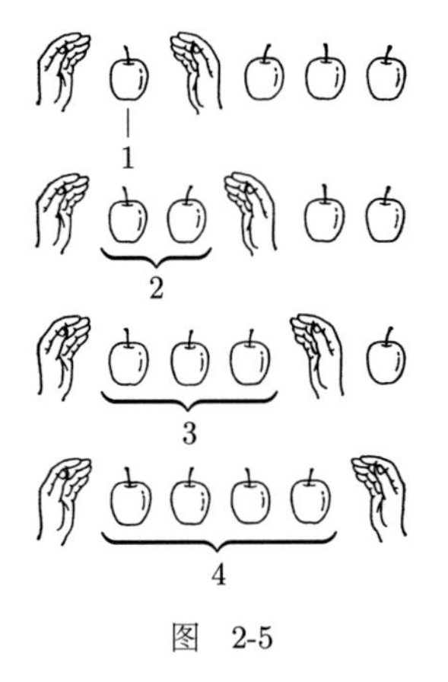

图 2-5

这样孩子就能明白 $1, 2, 3, 4, \cdots$ 表示的是代表双手围起的离散量的基数。

例如，男孩有 5 人，女孩有 3 人，问男孩比女孩多几人？在解答这个问题时，一些孩子能用 $5 - 3 = 2$ 算出多 2 人，也有个别孩子会提出这样的疑问："从男孩里怎么能减去女孩呢？"

孩子们产生这样的疑问也是必然的，因为他们只学过相减求剩余，也就是求剩。"减"字会给人一种"求剩余"的错觉，所以会让人觉得这一题的算法很奇怪。

再如，椅子有5把，学生有3人，问椅子比学生多多少。此时肯定也会有人指出椅子不能减学生。

"减"指从整体中去掉一部分，其最原始的意思就是求剩，这与求差完全是两码事。

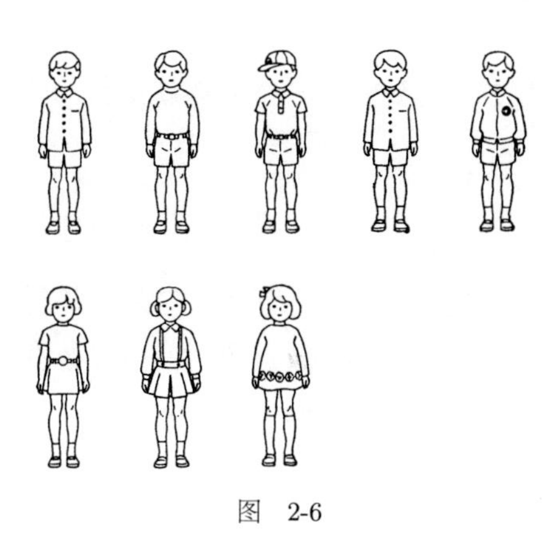

图 2-6

求差指的是什么呢？我们仍以男孩和女孩的人数为例。先分别让一个男孩和一个女孩手牵手，建立一一对应的关系，然后再从全体男孩中减去和女孩牵手的男孩（图2-6）。也就是说，求差是先进行一一对应，再从整体中减去建立了对应关系的部分，也就是一一对应与求剩的组合。

不解释清楚求剩和求差的区别，孩子们难免会一直心存疑惑。可惜的是，迄今为止的算术教学往往都会将二者混为一谈。

虽然在数的世界中，求剩和求差都是减法，但在一些具体的实际情境之中，两者还是会存在细微的差异。如果不去帮助孩子解决对这种差异的疑问，那么就可能会导致他们愈发不理解算术是什么。所以，在教学中，讲解求剩后千万不要忘了讲解求差。

2.5 数词与数字

教小学生数数时遇到的第一个问题就是数的叫法（数词）和表示数的文字（数字）。

各国、各民族的数词不同，甚至连计数方法和数字都千差万别。人类在几十万年前出现在地球上，并在进化过程中的某个时间点创造出了数的概念。不过，这个时间点具体在什么时候就不得而知了，因为没有相关的文字记载和出土文物。

但是，数一定是在人类开始进行有计划的生活之后才变成了必需品。

在以采集和狩猎为生的旧石器时代，人类并不需要使用数。进入有计划地进行生产生活的新石器时代后，人类发现植物中的稻、麦等品种可供食用，并开始有计划地种植粮食、发展农业。同时，除了狩猎之外，人类也开始有计划地驯养动物，畜牧业也随之拉开了序幕。从此，数成了人类生活的必需品。

分散生活的人类聚集在一起形成了大型部落、开始集体生活，狩猎也随之变为一种集体性的活动。这些行为都会导致计划性的产生。

比如，在农业生产中收获了粮食，储藏前需要进行一些计算，看存粮到底有多少。再比如，确认过冬需要多少粮食；确认放羊前后，羊的只数是否一致。解决这些问题都需要数的帮助。

随着人类文明的进步，数逐渐成了不可或缺之物，而且人类使用的数也变得越来越大。此外，人类为了处理连续量又创造出小数和分数等高级的数。在某种意义上，数可以成为衡量人类文明进步的标尺。

2.6 原始社会的数词

人类是通过什么样的过程，才形成了数的概念的呢？其实，生活在现代社会的我们仍然可以从一些原始民族的数数方式中窥得一二。

有的原始民族是用人的身体部位来数数的，比如 1 是眼睛、2 是鼻子、3 是嘴巴、4 是耳朵等，这可以说是最原始的数数方法了。

生活在新几内亚的一些民族的数数的方法，则类似于我们今天所说的二进制。

例如，1 是 cayap，2 是 polito，3 是 polito·cayap，4 是 polito·

polito。依此类推，所有数都由 1 和 2 重复组合而成，这种每满 2 就捆成一捆儿的方法是二进制的萌芽，也是计算机采用的二进制运算的前身。

非洲的原始部落大多使用五进制，其灵感来源于人类手指的数目。人类每只手为什么是五根手指的原因需要靠生物学专家来解释，但对于数学而言这纯属偶然。如果人类的每只手有六根手指，那么五进制也许就会变成六进制。

接下来登场的是十进制，因为人的双手总共有十根手指。这是包括日本在内的大多数国家采用的计数方法，但要说现代文明国家采用的都是十进制法也不尽然。

2.7 欧洲的数词

日本人总认为欧洲国家都是发达国家，所以应该什么都比日本先进。当然，欧洲在很多方面确实领先于日本，但不少欧洲国家的语言中与数相关的部分，似乎都不太合理。若将这些国家的教学方法原封不动地搬到日本，势必会引起混乱。

以英语为例，从 1 到 10 分别是 one、two、three…… ten。按照日本人的思路，接下来的 11 就应该是 ten-one，12 是 ten-two，但实际上却是 eleven 和 twelve 这种与日本人思路完全不同的词。如果一开始就把这种计数方法教给日本学生，那么他们肯定会在学习时叫苦不迭。

日本学生看到 6 + 5，脑子里首先会想到这道题等同于 10+1，于是能立刻回答出答案是“十一”。然而，英国和美国的学生却不能回答 ten-one，他们要说 eleven 才行。英语中关于数的部分，还有很多像这样不合理的例子。比如，13 是 thirteen, 其中“teen”来源于 ten, 所以 thirteen 一词实际的结构是 three-ten（三，十），即先读个位数再读十位数。类似的还有 fourteen、fifteen……nineteen 等数词，这无疑加重了英美国家学生学习的负担。英语中 30 是 thirty，thirty 和 thirteen 又很容易混淆。看来欧美国家的学生学习数学时，教室里可能经常会是一片混乱。

法语、德语的数词也有类似的不合理的地方。由于语言中关于数的部分不够合理，所以欧洲国家没有朗朗上口的“九九乘法表口诀”。

日语中的数词非常简洁，所以才能产生像歌曲一样节奏分明的“九九乘法表口诀”。不合理的数词使欧洲无法产生“九九乘法表口诀”，据说欧洲人也从来不记“九九乘法表”。

英语中的数从 20 开始变得合理起来，twenty-one、twenty-two……但德语的数却从 20 后变得越发复杂。例如，21 是 einundzwanzig（可直译为“一和二十”），22 是 zweiundzwanzing（可直译为“二和二十”），都是从个位往十位读，一直到 99 都遵循这个规律。那么 100 以后的数呢？234 就是 zweihundert vierunddreißig，即“二百，四，三十”，所以德国的算术教学很复杂，2–3–4 先要从左读再从右读。不过这是德国长期形成的语言习惯，已经很难改变了。

法国的数词如何呢？法语中又有其他的麻烦。法语采用二十进制。比如，80 是 quatre-vingts，vingt 是 20，quatre 是 4，所以 80 的意思是“4 个 20”。90 则是 quatre-vingt-dix，即“4 个 20 和 1 个 10”。如此复杂的数词无疑会给刚入学的法国小学生一个下马威。

第二次世界大战后，法国人终于意识到了改变这套复杂数词的必要性，因此改用 octante 表示 80，用 nonante 表示 90。octante、nonante 都是古法语，它们原本只在法国的一些偏远地区使用。虽然法国政府下定决心要让全法国的学生都学习使用这种数词，但似乎收效甚微，最近听说法国又恢复使用二战前的那套数词了。这是因为，虽然刚上小学的孩子是一张白纸，不论学习哪种数词都能很快记住，但成年人却怎么也改变不了以前的数词使用习惯。我在序章中说到数学教育方法具有保守性，法国的例子也是一个证明。

虽然日本人眼中的欧洲人从头到脚都是完美的，但不得不说，欧洲人使用的数词的确非常不合理。意大利语也好，俄语也罢，所有欧洲的语言都一样。

日本的学生在这一点上非常幸运。当然，日语数词的合理性全倚仗汉语。汉语恐怕是世界上数词最合理的语言了。150 在汉语里是一百五十，连百位上的“1”也要读出来，这一点非常有利于算术教学。日语将 150 读成“百五十”，1500 读成“千五百”，但却不把 15 000 读成“万五”，而是又读成“一万五”。

古时候的日本人将汉语的数词引入了日本，可以说这让日本受益无穷。

一言以蔽之，教师必须谨记，小学低年级的算术教学，在不同的数词体系中需要运用不同的教法。

2.8 心算和笔算

小学低年级算术教学的首要问题，是确定以心算为中心还是以笔算为中心，这也是算术教学最大的分歧。世界各国的算术教育，大致可分为以心算为中心和以笔算为中心两大类。坚持以心算为中心的国家，主要是位于德国以东的一些东欧国家。而以笔算为中心的国家则主要集中在西欧，如英国、法国等。德国以东的国家之所以主张以心算为中心，据说是因为受到了裴斯泰洛齐①的影响。

那么，什么是心算，什么是笔算呢？其实二者定义的边界很模糊，而且不同的人对边界的划分方法也不尽相同。

例如，在本书序章中提到的黑封面教科书的第三学年的书里，有下面这样一道题。

心算下列各式并说出答案：

① 瑞士教育学家，提倡顺应个人发展的自然顺序的教育方法。

$$\begin{array}{r} 64 \\ +\ 12 \\ \hline \end{array} \quad \begin{array}{r} 28 \\ +\ 61 \\ \hline \end{array} \quad \begin{array}{r} 55 \\ +\ 23 \\ \hline \end{array} \quad \begin{array}{r} 500 \\ +\ 100 \\ \hline \end{array} \quad \begin{array}{r} 220 \\ +\ 650 \\ \hline \end{array} \quad \begin{array}{r} 703 \\ +\ 106 \\ \hline \end{array}$$

黑封面教科书认为，笔算和心算的区别就在于，笔算通过列算式得出答案，而心算则是用嘴说出答案。

真正的心算，或者说普遍意义上认为的心算，应该是听到数后在大脑中进行计算，并说出答案的运算方法，即“听心算”。而上述列举的黑封面教科书中的心算其实是“看心算”，它扩大了心算的指代范围。

2.9 汉字数字和算术数字

真正意义上的心算应该是听别人说“数”，然后进行计算。说“数”，即用语言来表达数，例如 234 这个数，以语言形式进入耳朵时是“二百三十四”。在日语中，只需要把数转化为汉字，再直接照读就可以了。

当别人问公司里总共有多少员工时，我们做出的口头回答肯定是“二百三十四人”，而非“2，3，4 人”。与此相对，笔算中使用的是写作“234”的算术数字。

所以心算和笔算的差异不仅体现在计算方法上，也体现在数的表达方法上。心算以数词，即汉字数字为基础，而笔算则以算术数字为基础。

例如，汉字数字二百三十四写成算术数字就是 234。二者在表示方法上的差异必然会导致数词（二百三十四）计算和数字（234）计算的差异。

我们从小到大已经习惯了二百三十四和234，理所当然地认为二者是一回事。但仔细想想，二者其实完全不同。我们之所以看到数字234后就把它读成“二百三十四”，是因为我们曾经反复练习过，而刚上小学的孩子是做不到这一点的。

二者的差异在于，算术数字有数位而汉字数字无数位。

数位的排列原理是，数字要按个位、十位、百位……的顺序依次排列。这样一来，即使数字中没有十、百等字眼，我们也能通过数字的位置来判断是10还是100。

2.10　数位和0

汉字数字中没有数位的概念，所以“二百三十四”就必须写明“百”和“十”。但在算术数字中却有数位的概念，所以十、百、千可以通过数字的位置来体现。

有一个数字是汉字数字不需要而算术数字却必不可少的，这个数字就是0。虽然汉字数字和算术数字都采用十进制，但算术数字离不开数位和0，二者在这一点上完全不同。

心算的基础是汉字数字，笔算的基础是算术数字，二者在数的表达方法上存在本质性的差异，教学时自然也要区别对待。因此，在心算教学中无须讲授数位和0。日语数字都按百位、十位、个位这样的顺序排列，而我们在前文中提到德语却要先说数字的百位再说个位，最后才说十位，所以德语的数位十分混乱。但是，只要说清十、百、千……在传达上就不会发生错误。

因此我们不妨说，在教授以数词为中心的心算时，不需要让学生学习数位和 0。在从昭和十年（1935 年）开始使用的绿封面教科书中不见一处对 0 的解释或说明，就是因为在心算时用不到 0。

但是，学生要想学习笔算就必须学习并理解数位和 0 的意义。

心算和笔算究竟孰优孰劣呢？对于学生来说，容易理解的、具有发展性的、与未来学习方向一致的就是好的方法，因此我认为教学中应该更重视笔算，但这并不意味着完全不学心算。一位数的加减乘除法可以使用心算，两位数以上的运算还是最好使用笔算。

这是因为学习心算时会进入一条死胡同。除去那些具有心算天赋的学生，可以说任何国家的大部分学生只能心算出三位数和两位数的加法。普通的学生面对两个三位数的心算加法就已经束手无策了，这时他们就不得不转战笔算，而笔算和心算的原则又完全不同，所以往往会导致学生无所适从。例如，用心算法计算 $35+27$ 等同于在脑海里进行如下计算。

$$35+20=55$$

$$55+7=62$$

但笔算 $\begin{array}{r} 35 \\ +\ 27 \\ \hline \end{array}$ 是从个位数开始相加的。其实在学会三位数的笔算加法后，就能触类旁通地顺利掌握四位数和五位数的加法了。

2.11 数数主义

我在第 1 章中曾提到过，明治三十八年（1905 年）启用的黑封面教科书大力倡导“数数主义”。

数数主义的一大特征是删除了有关量的内容，但这并不是数数主义的全部。如名字所示，数数主义指导下的算术教学倡导从记忆数词开始，也就是让学生们先记住“yi，er，san，si……”，再在此基础上进行加减运算。

例如在计算 $5+3$ 时，由于学生们已经在脑海里记住了“yi，er，san，si……”，所以只要从 5 开始继续向下数 3 个数，“liu，qi，ba”，就能得出答案是“ba”了。同理，减法就是倒着数。

前面的加法叫作“数数加法”，后面的减法就是“数数减法”。使用这种方法虽然可以得到正确答案，但这样一来就完全忽视了量，因为这些数字都是序数而非基数。学生们先在脑海里记住“yi，er，san，si……”的顺序，再按顺序推进或后移，由此完成加减法运算。因为学生们在数数计算时会念叨着“yi，er，san，si……”，所以这种方法被称为“数数主义”。

数数主义尚且可以应付比较小的数的加减法，但在数较大的情况下就力不从心了。例如，要计算 $35+27$ 就要按 $36, 37, \cdots$ 的顺序向前推进 27 次，计算过程复杂且容易出错，而且会花费很多时间。由此可见，一遇到较大的数就束手无策的数数主义，其适用范围是非常有限的。

不知藤泽利喜太郎为何会提出这种适用面如此狭窄的方法，但他的确是个聪明人，在进入学习两位数加法的阶段后，他立刻抛弃了数数主义，转而投向笔算的怀抱。

藤泽大概是因为清楚地认识到了数数主义的弊端，所以才在中途转向。因此可以说，黑封面教科书实际上就是以笔算为中心的教科书，它在数的计算方面没有大问题。

黑封面教科书还有一个优点，即小学一、二年级只有教师用书而没有学生用书，所以一、二年级的老师可以自由选择教学方法。在从明治到大正的这段时期内，虽然政府对教科书的管理极其严格，但由于教师用书的内容十分简略，一、二年级的教学总算由此获得了些许自由的空间，这也确保了一、二年级的教学没有出现太大纰漏。

以笔算为中心的教学方针没有一直贯彻到高年级，所以从结果上看，这种教学方法与后文中出现的管道法只有部分相似。如果完全贯彻了以笔算为中心的思想，那么其结果就和管道法十分相似了。

2.12 向心算倾斜

昭和十年（1935 年），日本政府启用了绿封面教科书。虽然该教科书在主观上希望能改进黑封面教科书的不足，但实际上却是越改越差。

绿封面教科书是怎么教学生们计算 $35+27$ 的呢?

因为在较大数的计算时，数数主义主张的逐一数数的方法太麻烦，所以绿封面教科书提倡以 10 为单位来“跳数”。

比如，$35+27$，从 35 开始先跳数两次 10，即

$$35 \to 45 \to 55$$

然后再数余下的 7，最终得到答案 62。这种方法认为，读数词时要先从十位开始读，所以计算时自然要从十位开始。

要想提高速度还可以以 20 为单位来“跳数”。还是同样的例子，先算出 35 加 20 得 55，再用 55 加 7 即可。这种心算法从比较高的数位开始计算，因此我们也将其称为“高位加法”。绿封面教科书规定，从高位开始进行加法运算是心算的核心，其他方法都不是心算。

但我认为，只要不是写在纸上而是在脑子里进行的计算都是心算，而绿封面教科书却强行规定在各种计算方法中只有从高位开始加减的方法才是心算法，并强制所有学生都必须使用这种方法。

其实，随着笔算能力的不断提升，学生在看到 $35+27$ 时，也能通过脑海里浮现出的竖式 $\begin{array}{r}35\\ +\ 27\\ \hline\end{array}$ 得出答案。

这里需要进位，所以算出 $3+2=5$ 后还要再加 1，此时十位数是 6，个位数是 2。这就是笔算式的心算法。

但是，修订绿封面教科书的文部省官员却认为这种计算方法是歪门邪道，只有从高位开始加起才是心算，心算只有一种。我认为这种解释太过狭隘。

2.13 数学应以笔算为中心

对于心算和笔算，数学家的情况是如何的呢？数学研究自然要以笔算为基础。不论是代数还是微积分，在计算时都要依赖笔算。

所以，即使是数学家，也要先在纸上写出算式，边看算式边思考，经过反复思考，不断地将算式变形，才能达到最终目的。

不将反复思考的过程写在纸上，只在脑海里对算式进行变形，可以说这也是一种心算。但是，这种方法实际是将本应写在纸上的算式“写”在了脑海里，所以应该算是笔算式心算。

上述这种由笔算到心算的过程，是一种非常自然而且容易的方法，它不仅适用于数学家，也适用于所有人。当然，低年级的算术运算也不例外。

笔算时将头脑中想到的内容“投影”到纸上，边看边思考，这种方法可以培养人的思维能力。这就是笔算的力量，如同语言教学中作文的力量。

在计算 $35+27$ 时，如果之前已经多次进行过 $\begin{array}{r}35\\+\ 27\\\hline\end{array}$ 的笔算练习，那么即使不写出竖式也能直接在脑海里浮现出竖式，这就是笔算式心算。

与此相对，非要横向列出 $35+27$，从高位开始算起，先算 $35+20=55$，再算 $55+7=62$，这样的方法就显得太生硬了，学生们自然叫苦不迭。

不过，很多主张以心算为中心的人似乎都信奉“锻炼主义”的思想，认为这种没有笔算的心算可以锻炼学生的大脑。

2.14 心算和数学

那么，心算练习真的能锻炼大脑、提高数学思考的能力吗？答案是否定的。直到 20 世纪初仍活跃在数学界的法国著名数学家庞加莱，曾在书中写道自己完全不会心算。连庞加莱这样的大数学家都不会心算，所以不擅长心算的各位大可放心。当然也有心算能力出众的数学家，但这只是少数。可以说，心算能力与数学能力其实关系不大。

心算能力存在个体差异，而且这种差异与智力无关。偶尔会有一些心算能力出众的天才横空出世，例如英国就曾有一个少年因为家境贫寒而不得不在马戏团里为客人表演心算。哪怕客人说出几千几万级别的计算问题，他都能迅速说出答案。后来这个少年挣了足够多的钱，他终于能进入正规学校学习，然而在学习了其他学科的知识后，他的心算天赋却逐渐消失了。由此可见，过度重视心算可谓本末倒置。

此外，心算水平虽然可以通过反复练习来提高，但一旦停止练习，心算水平就会迅速回到起点。德国一位女教师的研究报告显示，学生在提前练习了一段时间的心算后，会在暑假前的考试中取得优秀的成绩，而在暑假结束后的考试中，成绩往往会一落千丈。

那么，如果进行笔算练习又会如何呢？学生们可以边看边做，计算过程轻松易懂，而且笔算有助于之后的学习。现在市面上出现了很多在绿封面教科书框架下编写的教科书，这些教科书都在开头拼命地鼓励学生学习心算、使用横式，不允许他们使用竖式。学生们学得费劲，家长们也怨声载道："为什么不教简单轻松的笔算呢？"这实则是对心算作用的迷信和夸大。当务之急是要叫停以心算为中心的算术教学方针，重归笔算教学。

2.15 0 的含义

以笔算为中心进行数的教学时有一个先决条件——0 和数位，这是算术数字的基础。不论使用笔算有多少好处，如果学生们不了解算术数字的基础，那么一切都无从谈起。以心算为中心的教学，或是不教授有关 0 的知识，或是在涉及有关 0 的内容时语焉不详。而以笔算为中心开展的教学，必须让所有学生都明白 0 的含义。

0 究竟是什么？从某种意义上可以说这是一个难题。教师如果不能正确解释 0 的含义，学生就无法正确掌握相关知识。以往的教学大多将 0 解释为“没有”，这会使学生很难理解 0 的含义，因为我们无法在脑海里想象出不存在的东西，即使是成年人也做不到。

对 0 的正确解释应该是“曾经有的东西现在没有了”。也就是说，0 不代表“没有”，而应该是“没有了”，或者是“没有应该有的。”

那么该如何让学生理解这个概念呢？我们在用苹果等教具教学生数 $1, 2, 3, \cdots$ 时，可以给苹果配上盘子。如图 2-7 所示，将苹果放在盘子里。如果盘子里没有苹果，那么此时空无一物的状态就是 0。实践证明，通过使用这种教学方法，任何学生都能轻松理解 0 的含义。

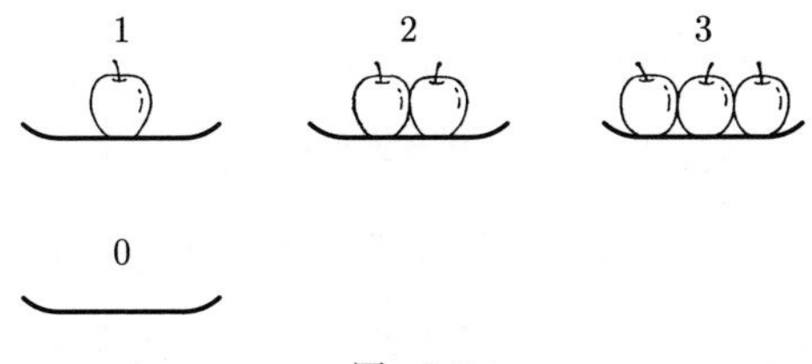

图 2-7

其实仔细想想，0 本来就不该表示“没有”，因为我们无须将不存在的东西命名为 0。但本该有的东西没有了，这时就需要为其取一个名字了，所以才产生了 0。棒球比赛的记分牌上写着“0, 0, 0”就说明这局没得分。

只要一个小的思路转变就能让学生们从不理解到理解，但这种转变并不简单，需要彻底颠覆关于“0 是什么”的认识。

2.16 0 的历史

在向学生教授 10 之前，务必要先讲授 0 的相关知识。如果在学 0 和数位前就学了 10，那么学生们会把 10 看成“在 1 旁边加 0”，把它当作汉字“十”，这样他们会和写汉字“十一”一样，把 11 写成“101”，这样想也是情有可原的。所以在算术教学中，“顺序”至关重要。在教授 10 之前，必须要给学生讲解 0 的含义和数位知识。简单地将“十”等同于“10”的做法并不恰当。

我小时候在九州的一所乡下小学读一年级，之前老师已经在课上教过，10 是一个数字，所以某一天在开始讲新课之前，老师问有没有人知道十一怎么写。我自告奋勇，在黑板上沾沾自喜地写上了“101”，没想到老师却说：“不对，还有其他会写的同学吗？”于是有其他同学写下了“11”，老师说这位同学写的才是对的。我非常不解，不明白自己的答案到底错在哪里。当时那种愤愤不平的心情直到今天还令我记忆犹新。

现在回想起来，当年那位老师还没教数位和 0 就告诉学生

“10”是一个数字，这样的教法实际上是错误的。当时我住的村子里没有电，晚上只能点油灯，灯光昏暗没法预习。学校附近的村子通了电，所以家里有电灯的学生可以在晚上提前预习，父母也能教他们把十一写作“11”。可惜如今处处都有电灯，而孩子们却在被低劣的教科书荼毒。

遇上先教将“十”写作“10”、后教 0 和数位的教科书，肯定会有一些孩子像我当年一样。更夸张一点说，也许还会有人将 234 写作 200304。错不在学生，而在于教科书。

教师不教 0，学生自然不知道还有 0 这个数字，也不可能自己发明 0。

所以教师至少应该在教到 9 时先教 0 再教 10。当然，教 0 的时间越早越好，但最迟不可晚于 10。

2.17　数位的原理

接下来就是数位的教法了。数位原理的前提是十进制，形象点说就是每十个捆成一捆儿。

十进制就是将每十个捆成一捆儿，一直到百、千、万……的计数方法。对于刚学数数的学生来说，十已经算是一个大数了，因为十是由很多个 1 组成的。但在教数位原理时，也就是教类似于 23 这样的两位数时，应该告诉学生要将每十个看成一捆儿，也就是将很多个 1 看成一个整体。我们可以将这种方法叫作“合并法”。

2.18 方便合并的方块

在十进制中，“合并”的思维必不可少。将许多个体看成一个整体，在某种意义上其实是存在矛盾的。这可以说是一种比较抽象的高级思维。为了能让孩子理解这种思考方法，就需要一种对孩子而言直观、易懂的讲解方法。

我经过多番研究，思考出了用正方形来表示 1 的方法。我们可以把这些正方形看作“瓷砖”，或者把它称为“方块”。看到这里可能有人会问，为什么要用方块来表示 1 呢？

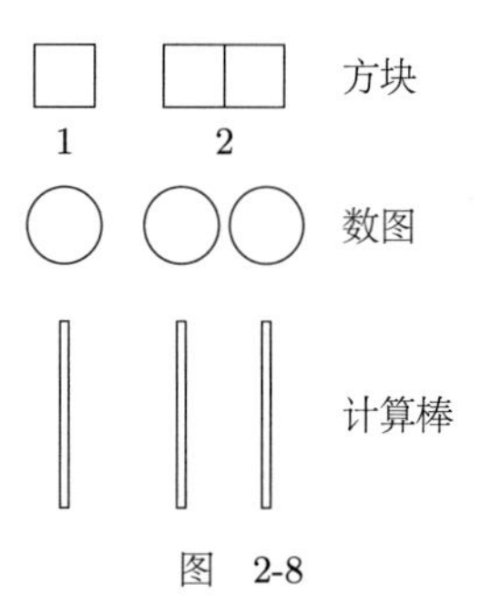

图 2-8

让数的概念在大脑中呈现出来的方法多种多样。用圆来表示数就是一种常见的方法，这种方法叫作“数图”（图 2-8 第二行），源于裴斯泰洛齐。而苏联和一些东欧国家则会使用计算棒（图 2-8 第三行），即用像火柴棒一样的木棒来表示 $1, 2, 3, \cdots$。除了这两种方法外，表示数的方法还有很多。

那么，方块与常用的圆、木棒到底有什么不同呢？在将

“1, 2, 3, ···” 表示为离散量时，圆确实具有无可比拟的优点。因为单个的圆很难被继续分割，而且圆与圆之间是相互独立的。

但是，“将十个圆看成一个整体”对孩子而言是很难理解的。因为不管怎样摆弄十个圆，孩子们都只会觉得：“啊，有好多个圆!”

而换成方块情况就不同了。十个排列在一起的方块能形成一个整体，我们可将其称为“一排”(图 2-9)。

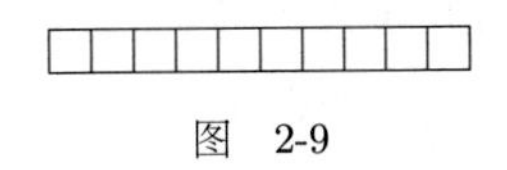

图　2-9

再将十个“一排”的方块组成“百”，就可以把“百”也看作一个整体。使用方块，能够直观展示“合并”这种思维方法。

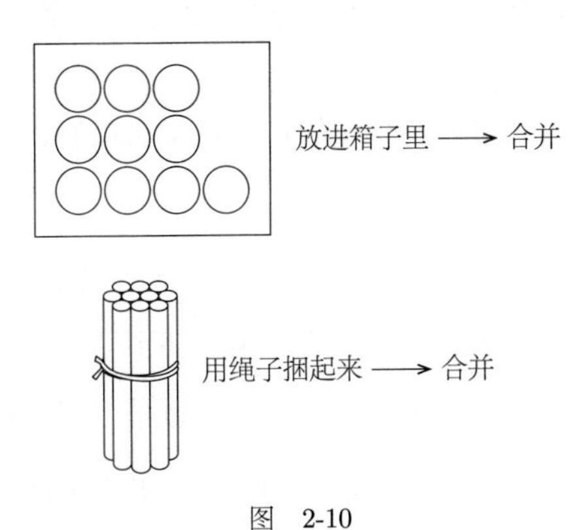

图　2-10

德国使用“数图”进行教学，其中也有“将十个看成一个整体”的内容。为了能够准确展示这部分内容，德国的教科书中都会在十个圆的外面再画一个框。框代表箱子，只有将所有圆放进箱子里时，学生才能把它们看成一个整体（图 2-10）。

同理，散开摆放的十根木棒对于理解整体也没有什么帮助，必须要用绳子将木棒捆起来才行（图 2-10）。由此可见，用圆或木棒表示合并时，还另外需要箱子或绳子，而使用方块则只需将其并列摆成一排即可。

这里的关键在于，要让孩子在脑海里形成“每十个个体为一个整体”的情景，使用方块最容易实现这一点。方块可以让合并事半功倍。在使用圆表示的数图中，即使把圆依照 10×10 排列成“百”，孩子也很难将其视为一个整体。用方块替代圆的原因之一就在于方块更容易合并。

在横竖两个方向上，方块都可以任意地和其他方块进行合并和拆分。

我在前文提到过，连续量的特点就是可以进行自由的组合与拆分。所以，使用方块的话，也能让孩子较为轻松地从离散量去理解连续量。分数和小数也都可以借助方块来表示。

使用方块的讲解方法，小学一年级甚至幼儿园的小朋友都能明白什么是数位、什么是 0，笔算练习也就能尽早进行了。

例如，两位数 23 就是由 2 个 10 和 3 个零散的 1 组成的，学生们能立刻说出这是“2 排方块和 3 个方块”。100 个方块是“1 面”，那么 200 个就是“2 面”。日语中的排、面等量词虽然麻烦，但在这时却帮了大忙，因为有了量词的帮助就能体现出整体性了。

"2 面"就是将 2 个 100 合并在一起。

小学生知道什么是面、排、个，而上幼儿园的孩子可能还不知道这些量词。因此，家长可以将"百"形象地比喻成"大胖子"，将"十"比喻成"瘦高个"，将 1 比喻成"小矮子"，这样一来孩子们马上就能记住了（图 2-11）。

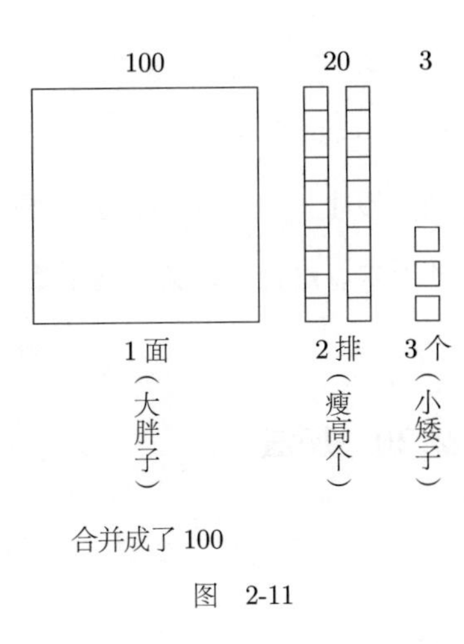

图 2-11

2.19 三者关系

方块、数词和数字三者间的联系十分紧密。在此，我们可以用"san"（数词）、□□□（方块）和"3"（数字）来表示三者的关系（图 2-12）。

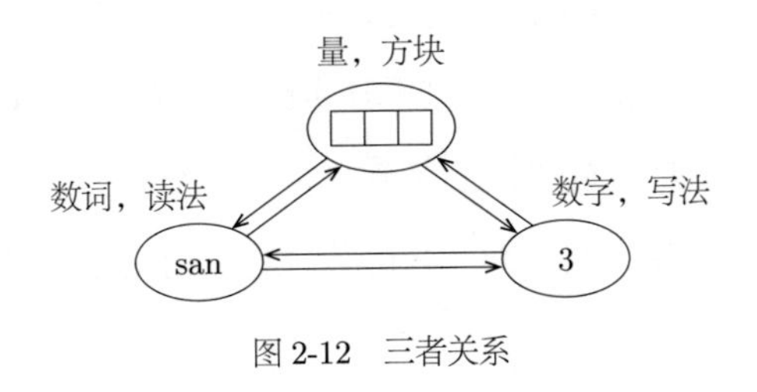

图 2-12 三者关系

我们可以先说出“san”，让孩子随意摆放三个方块，再让他们写下数字“3”，或者先让孩子进行“san”的读写练习后再摆方块。以上三个环节可以自由组合练习。所有练习都要用到代表量的方块，这样一来就实现了数词、数字、方块的结合。

2.20 加法

下一步需要考虑的，就是四则运算的教法了。四则运算中，首先要考虑的当然是加法。加法的基础是 10 以内的一位数的相加。这里我们要摒弃数数主义，完全借助方块来进行计算。例如，计算 $2+3$ 就是让学生将两个方块和三个方块摆在一起，看最后总共能得到几个方块。为此，我们可能要提前准备一些方块的道具。

方块可以非常方便地制作出来，比如用厚纸板就能制作。但是厚纸板的重量过轻，所以利用更厚重的小瓷砖比较好，这样更有实物感。

日本人通常将类似于 $2+3$ 这样的一位数的加法运算叫作“素过程”。“过程”就是指计算过程，而“素”为“基本、源头”之意，即等同于元素的“素”，这里其实借用了化学中的词语。

“素过程”是所有加法的基础，需要进行耐心、详细的讲解。我们可以灵活使用方块，来区分讲解有进位和无进位两种情况。

2.21 五 · 二进制

最近有一种新的教学方法得到了很多人的认同。这种教学方法一改以往直接从 1 教到 10 的做法，而是先在 5 处“稍事休息”，并以 5 为媒介，来更好地帮助学生理解 10 及“素过程”。

先合并 5 个方块，然后再合并两个“5”就能得到 10。

这种方法叫作五 · 二进制。合并两个“5”后得到 10，比从 1 直接累加到 10 更简单易懂。

人类的智慧确实令人惊叹。日元面值的设定原理就和五 · 二进制很像，不仅有 1 日元、10 日元、100 日元，还有 5 日元、50 日元、500 日元和 5000 日元。

生活中有“5”会更方便。比如，当我们需要用 90 日元时，可能没法一下子掏出 9 个 10 日元，但如果手头有 50 日元，那么只需再掏出 4 个 10 日元就行了。

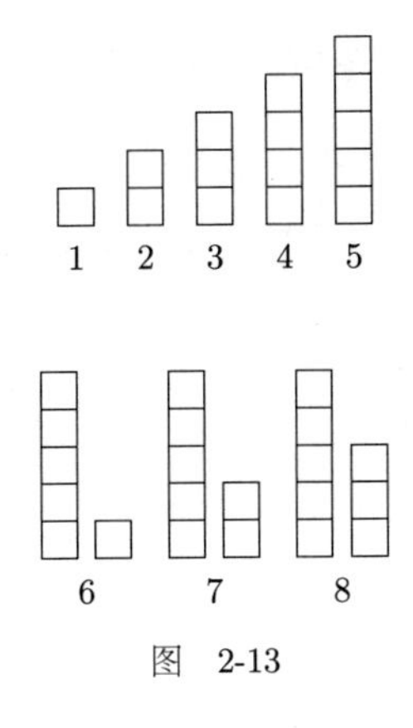

图 2-13

日本的算盘采用的也是五 · 二进制，每档只有 5 个算珠，用 5 来表示 10，在使用上非常方便。苏联的算盘使用 10 算珠而非 5 算珠，不过表示“5”的算珠的颜色也和其他算珠的颜色不同。

在计算过程中，将 5 个方块合并成一个整体的做法就是五 · 二进制，原理非常简单。因此，6 就是在 5 个方块的基础上加 1，7 就是在五个方块的基础上加 2（图 2-13）。最近有研究认为，这种方法能让运算过程变得更轻松快速。

“素过程”是运算的基础，将“素过程”进行组合，就形成了复杂运算。

复杂的加法运算就是多个一位数加法的组合。例如，$\begin{array}{r}23\\+\ 35\\\hline\end{array}$就是重复进行两次一位数的加法，即 3 和 5 相加、2 和 3 相加，这就是“复合过程”。

在笔算时之所以要列竖式，就是为了帮助学生理解这种过程。如果用方块表示 $234+352$，则结果如图 2-14 所示。将面和面、排和排、个和个等进行同类合并，这是一种非常自然的思考方法。同理，与 $234+352$ 这样的横式相比，进行同类合并的竖式$\begin{array}{r}234\\+\ 352\\\hline\end{array}$更清晰明了。把算式写成竖式，然后结合方块进行演示，可以让孩子更好地理解计算过程。

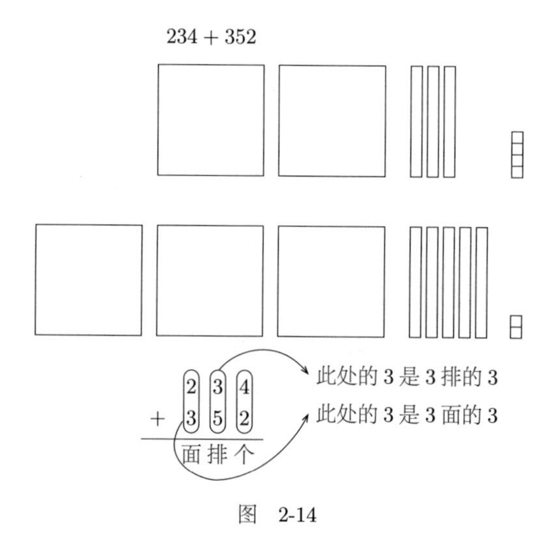

图　2-14

在列竖式计算时，“对齐”很重要，否则就会在计算中出现位值混乱。虽然同为 3，但此处是十位的 3，代表 3“排”。彼处的 3 是“面”，是百位的 3。我们要告诉学生，虽然看起来都是数字“3”，但所指不同。

学生在运算过程中经常会出现由于数位没有对齐而导致的计算错误，所以在进行竖式计算时教师务必提醒学生将上下数字对齐。

在以往的教学过程中，即使学生没有对齐数字，教师也不说明原因，只是一味地要求学生将数字对齐，这样很有可能会导致不知缘由的学生在下次计算时再次犯错。这时候，可以展示素过程的复合过程，像上面的例子中，通过进行三次个位数加法的素过程组合 , 就能让学生明白前因后果了。

当然，在练习前必须先让学生彻底理解 234 就是“2 面、3 排、4 个”。在计算两位数和三位数的加法时，学生仍然需要反复利用方块进行练习。此时，适用于一位数加法的数词、量词、方块的三角关系，也同样适用于两位数和三位数的加法。

实际动手拼方块的下一步就是画图。在教师说出 234 后，学生不使用方块就能在纸上画出下图（图 2-15）。面中的小格子可以省略不画，只要知道它表示 100 就可以了。

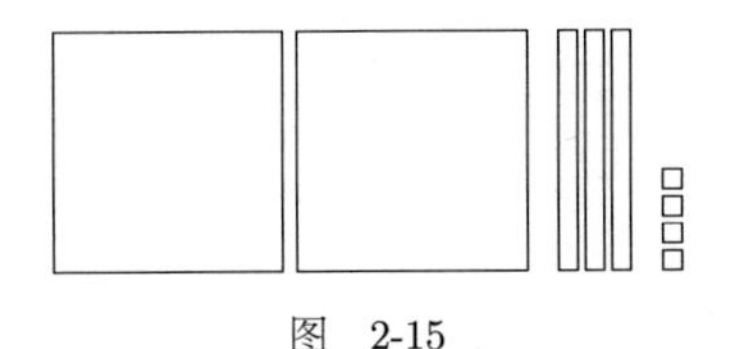

图 2-15

学生若能正确画出方块，就说明已经将方块法刻在了脑海里，也理解了数位的概念。数词、数字、方块，将三者结合为一体，这个过程非常重要。

2.22 题目的数量

日本小学生在二年级左右，开始学习三位数与三位数的加法运算。那么，这样的运算总共有多少呢？——81 万。可以说，受篇幅限制，出现在教科书上的三位数加法只是冰山一角。

最小的三位数是 100。从 100 到 $101, \cdots, 999$ 共有多少个数呢？从 1 到 999 共有 999 个数。由于 $1 \sim 99$ 都不是三位数，所以用 999 减去 99，可知共有 900 个三位数。我们首先给这 900 个数都加 100，将结果排成一行，然后再分别给这 900 个数加 $101, 102, \cdots$ 并将所得结果依次按行排列，这样就可以得到一个横向有 900 个数、纵向也有 900 个数的表格，也就是 900×900，即共有 81 万道题。要想老老实实地把这 81 万道题全部做完，即使花费九牛二虎之力，每天做 100 道也要用掉 8100 天，也就是 20 多年。当然，在实际学习时我们不会这么做，也没有必要这么做。

$$\begin{array}{r} 100 \\ +\ 100 \\ \hline \end{array} \quad \begin{array}{r} 101 \\ +\ 100 \\ \hline \end{array} \quad \begin{array}{r} \cdots \\ +\ \cdots \\ \hline \end{array} \quad \begin{array}{r} 999 \\ +\ 100 \\ \hline \end{array}$$

虽然算术教育历史悠久，我们所有人也都接受过算术教育，但似乎从未有人意识到这个问题——究竟该如何在短时间内完成这81万道题呢？学生在解决了一个问题后，就能举一反三地解决类似的问题，所以我们只需要用恰当的方法对这81万道题进行分类。

2.23 题目的分类和排序

也就是说，我们要首先对这81万道题分类，然后再确定这些类型的解答顺序。当然，分类和排序必须遵循以下两个原则：

（1）无进位优先，有进位推后；

（2）从无0逐步过渡到有0。

对于学生而言，原则（1）中的无进位的题目显然更简单。

原则（2）中关于0的计算稍微有些不同，这是因为0比其他数更难理解。我在前文中为大家解释过0的含义，它是一种从有到无的特殊情况，即原本存在1、2、3等，它们消失后就变成了0。

与传统观念不同，我们认为有0的数更复杂。没有0的情况是一般情况，有0的情况是特殊情况。所以，原则（2）就是从一般到特殊，先进行无进位、无0的计算，再逐步过渡到有0、有进位的计算。

这种方法与以往的计算练习刚好相反。以往在笔算中，我们首先练习的是 $\begin{array}{r}200\\ +\ 300\\ \hline\end{array}$，因为个位和十位的运算都是 $0+0$，所以一旦习惯了这样的运算就会觉得很轻松，但初次接触这种情况的孩子多会摸不着头脑。

如果换作用方块演示这一加法运算的过程，那么就可以用 2 面方块表示200，用3面方块表示300，那么“2面＋3面”是5面，也就是 500（图 2-16）。之后再列竖式 $\begin{array}{r}200\\+\ 300\\\hline\end{array}$ 计算，这样就比较好理解了。

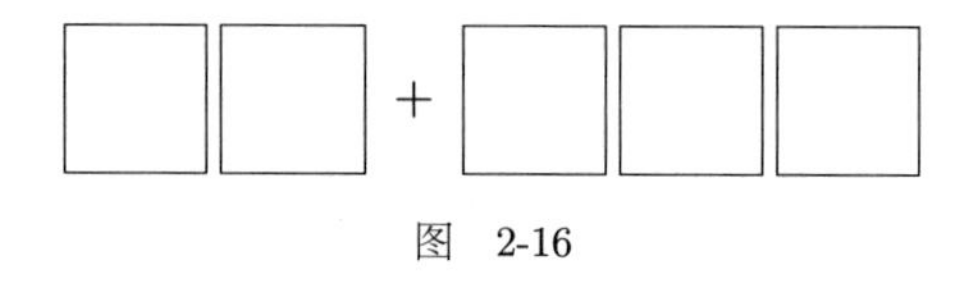

图 2-16

因此，计算应该先从 $\begin{array}{r}234\\+\ 352\\\hline\end{array}$ 这样既没有 0 也没有进位的加法开始教起，因为这类加法数量最多、也最简单，学生只需进行三次一位数加法即可。计算可以从这种类型的题目开始，然后逐步推进到有 0 的类型，最后再过渡到有进位的类型。

就像这样，我们可以先对三位数的加法运算进行分类和排序，然后再让孩子依照顺序去练习。类似 $\begin{array}{r}234\\+\ 352\\\hline\end{array}$ 这样的问题，就是分别将个与个、排与排、面与面的方块进行合并。孩子一旦明白了这种方法，就可以独立去计算同类型的题目了。

接下来，就是类似 $\begin{array}{r}234\\+\ 350\\\hline\end{array}$ 这种类型的题目。在计算时看到有 0，孩子多会有所警觉。通过不断练习这类题目，积累对 0 的警觉，就可以过渡到含有多个 0 的题目类型，以及有进位的题目类型了。

按照上述标准，三位数的加法大致可被分为 144 类。每类题型只需练习几道题即可。最开始的那类“起源”题型需要进行扎实练习，这样一来，孩子对其他题型很快就能触类旁通，在遇到进位等特殊情况时也会多留个心眼。一旦打好了“起源”题型的基础，即便老师不对每道题目进行逐一讲解，学生也能自己顺利解答老师布置的题目，这也会让教学变得轻松一些。

对题目进行分类，还有一个好处。教师能通过学生做错的题型判断出学生没有理解哪类题的解题方法。比如，学生总是算错个位或十位上的进位，那么接下来教师就可以有针对性地挑选此类题型让学生多加练习。

这种方法堪称“计算练习的营养学”。比如，发现身体缺维生素 B 时，就可以选择补充维生素 B 的治疗和膳食方案。不对题目进行分类的话，就无法精确地了解哪个学生不会做哪类题型，自然无法做出改进。

将题目分类后，学生可以有针对性地进行练习，不用重复练习那些已经熟练掌握的题型。从这一点上看，对题目进行分类也是非常有必要的。

这种方法还可以促进学生进行自主练习，减轻教师的负担，这也是优点之一。我一直主张，教育中应该让教师能轻松教学。教师能轻松地教学，学生能轻松地掌握知识，这说明学生的自主学习能力强。只有学生自主学习，学生和教师才能都一身轻松。教师每天都汗流浃背、鞠躬尽瘁，这样的教育未必就是优质的教育。牵着学生一步一步往前走，学生和教师势必都会很辛苦，只有学生自己主动往前走，学生和教师才能都轻松。我将上面这种方法称为“管道法”。类似于 $\begin{array}{r}234\\+\ 352\\\hline\end{array}$ 这样的三位数运算只需做三次一位数的加法，所以是相对简单的标准型，位于第一层。接着向下产生分支，标准型发生变化，出现 0 或进位，以此类推，最后共 144 种类型。

如图 2-17 所示，这一结构类似于城市的自来水管道，水源地位置最高，在接通管道后，各个分管道将水送达城市中的每一户家庭。我在做这项研究时半开玩笑地将其命名为“管道法”，没想到这个名称后来竟然成了正式名称。

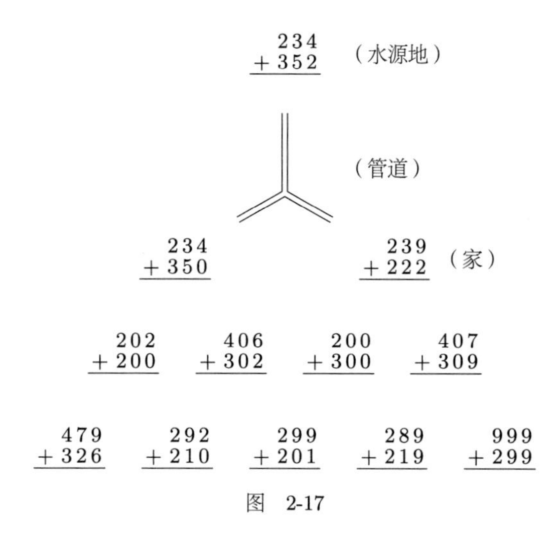

图 2-17

这个名字虽然普通，不过我还挺喜欢。自来水管道家家都通、人人都用，我希望这种方法也能像自来水管道一样被普及到千家万户。

最上层的标准型是“水源地”。水源地都位于高地，这样水流才能在重力作用下自动流向低处，这是我将这种方法命名为“管道法”的灵感。

实践证明，刚走上讲台的年轻教师在使用了这种教学方法后，能将学生的算术平均成绩从 70 分提高到 90 分，而经验丰富的老教师则能将平均成绩提高到 95 分。平均分提高 20 分不可不谓进步巨大。

平均分提高如此之多的主要原因在于，使用方块能帮助学生比较容易地理解数位的概念。低年级学生在计算过程中发生错误，很多情况下是因为对数位的理解不透彻。一旦解决了这个问题，错误率自然就会降低了。由此可见，对于小学一年级的学生而言，最重要的内容就是数位原理。

说得极端一点，其实低年级学生完全不需要学习什么烦琐的知识点，而是应该扎实学习数位和算术数字的原理。彻底理解了数位的原理，再学习其他算术知识就会得心应手。可惜心算法并不会教给学生有关数位的知识，所以只学心算的学生是怎样都无法理解数位的原理的。

2.24 减法

减法是加法的逆运算，因此二者的教授方法一致。

在减法的素过程中有时需要退位。例如，$13-7=6$ 是 $6+7=13$ 的逆运算，此时减数和差都是一位数，被减数是十位为 1 的两位数。减法是加法的逆运算，所以难度要大于加法，而且会引发在计算加法的过程中不会出现的问题。

日本和欧洲对于减法的看法不同。例如，日本人认为 $\begin{array}{r} 8 \\ -\ 5 \\ \hline \end{array}$ 是从 8 中减去 5 得到 3，而欧洲人却认为，这一计算过程是 5 加上某个数后得到 8。这种思路用式子来表示的话，就是“$5+\square=8$，求 $\square$”，也就是求减数加上多少能得到被减数。以上这个例子的答案是 3。

再如，在做 $\begin{array}{r} 358 \\ -\ 234 \\ \hline \end{array}$ 这道减法题时，德国的某本教科书会先让学生思考 4 加多少得 8，3 加多少得 5，2 加多少得 3，最后得出答案为 124。

这种方法叫作“补加法”，我们可以用 $5+\square=8$ 这样的式子来表示。其实，这种方法并不能算是真正意义上的减法。

那么，欧洲人为什么要这样算减法呢？据说这和购物找零有关。在欧洲，当顾客想用 1000 元买一个标价为 600 元的商品时，售货员会先拿来这个商品，然后思考再补多少钱能凑齐 1000 元，由此算出要补 400 元。于是，售货员将价值 600 元的商品和 400 元钱与顾客的 1000 元交换，这就是欧洲人的找零法。从某种意义上来说，这种方法比日本的减法幼稚多了，这大概也是欧洲人不擅长算术的原因之一吧。

现在日本的一些教科书开始模仿欧洲人的计算方法，会在书中出一些类似于 $5+\square=8$ 这样的题目。日本明明已经形成了一套完整的减法体系，却仍要全盘照搬欧洲的计算方法，这简直就是邯郸学步。

再者，学生被问到“8 是 5 和什么”的时候也会一头雾水。英语中的“and”一词有“相加”的意思，但日语中的“和”却并无此意，所以将英语单词“and”直译成“和”显然是不恰当的。这就是全盘而盲目学习西方的后果。

2.25 减减法和减加法

有退位的减法分为两种，在此我们仍以 $13-7$ 为例。减减法就是通过两次减法运算得出结果的计算方法。用 13 减 7 时，13 个位上的 3 不够减 7。要想使个位上的数能减去 7，我们至少应该让这个数等于 7。由 $7-3=4$ 可知，此时个位上的数 3，距离能够减去 7 最少还差 4。差的 4 可以从 10 中减，即 $10-4=6$。以上计算过程可以用式子如下表示。

$$13-7=(10+3)-7=10-(7-3)=10-4=6$$

由于在这个等式中进行了两次减法，所以我们将其称为“减减法”。

与此相对的还有另外一种方法。

$$13-7=(10+3)-7=(10-7)+3$$

先从 10 中减去 7 得到 3，再将得到的 3 和 3 相加得到 6。这种先减后加的方法就是“减加法”。

欧洲的教科书大多采用“减减法”。相比而言，“减加法”显然更简单，因为减法难于加法，所以做两次减法的难度肯定大于各做一次加法和减法。有时教师教的是减加法，学生却用减减法进行计算。其实使用哪种方法都可以，我们不应强制统一解题的方法，所以用减减法算题也不是什么错误。

2.26 两步退位

在三位数的减法中，难度最高的当属 $\begin{array}{r} 902 \\ -\ 229 \\ \hline \end{array}$ 这样的题目。个位上的 2 不够减 9，按理可以从旁边的十位借 1 当 10，但不巧的是，十位为 0，这样就得从更大的百位借。那么该如何从百位借呢？如图 2-18 所示，我们可以将代表 100 的一面方块分成 10 排，从其中一排里减去 9 个方块。这种方法实现了两步分解，先将一面方块分成 10 排，再将其中一排分成 10 个。

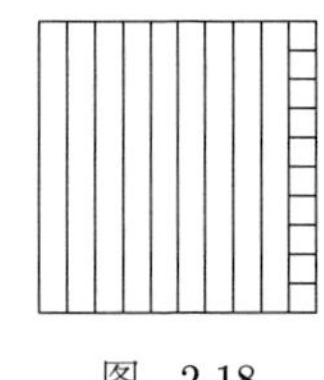

图 2-18

这样一来，两步退位法就可以轻松地解决这个对于低年级学生而言很难的题目了。

在借助方块讲解前，可能有相当一部分学生不明白两步退位法的原理，但在使用方块简单明了地展示了两步退位的过程之后，所有学生都能迅速掌握这种计算方法。方块的威力可见一斑。

2.27 乘法

下面我们将目光转向乘法。我在第 1 章中就曾提到过，乘法不是加法的重复，它是一种独立的运算过程，表示“在每份中有多少的情况下，多少份一共有多少”，比如 2×3 就表示每份有 2，3 份一共是多少。如图 2-19 所示，2×3 可用方块演示为两行三列，此时我们能清晰地看出 $2 \times 3 = 6$。这就是方块的优势，它能在横向和纵向上无限延伸。

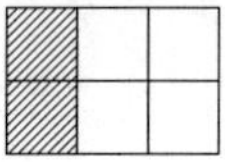

图 2-19

乘法运算的“素过程”——九九乘法表
五・二进制

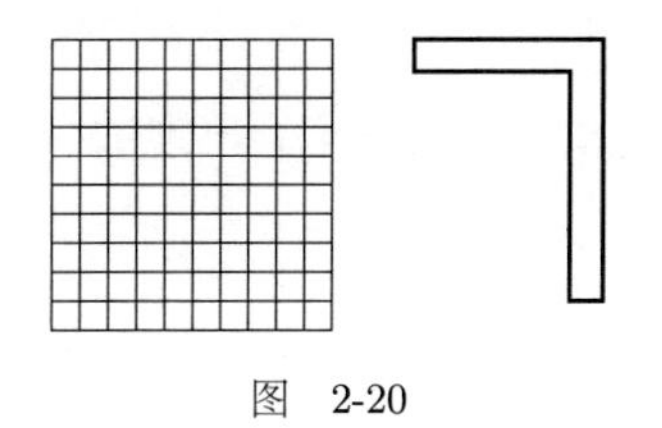

图 2-20

乘法的基础计算，也就是乘法的素过程是一位数的乘法，换句话说就是“九九乘法表”。

方块也能帮助学生记忆“九九乘法表”。我们可以准备一张 10×10 的方格纸，纸上的方格也可以看成方块，同时要再准备一块ㄱ形的厚纸板（图 2-20）。在演示 $2 \times 3 = 6$ 时就只露出 2×3 的部分，其他部分都用ㄱ形的厚纸板遮住，这样一来，学生们在

计算 2×3 时就能明白其对应的是“九九乘法表”中的“二三得六”。如此一步一步地进行演示，等到撤掉厚纸板时，就演示了全部“九九乘法表”。

以往我们记“九九乘法表”时都靠死记硬背，完全脱离了量的概念，但方块却能将“九九乘法表”和量结合在一起（图 2-21）。在计算 2×3 时，教师只要在黑板上展示出 2×3 的方格，让学生回忆“九九乘法表”中 2×3 的内容，学生就能将答案脱口而出了。

在刚开始练习的阶段，教师可以先用厚纸板框出相应的区域，比如一块纵为 5、横为 6 的区域，学生不必在此时马上说出答案为 30，只要能说出这是 5×6 就可以了。等到学生们已经能非常熟练地进行这样的练习了，再进入说出答案的阶段也不迟。

填鸭式的记忆容易将“九九乘法表”中的 4 和 7 混淆[①]，而借助方块就不会出现这样的问题。

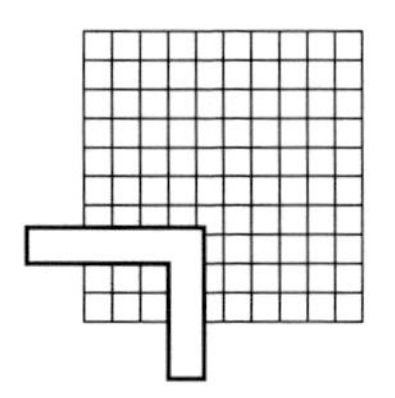

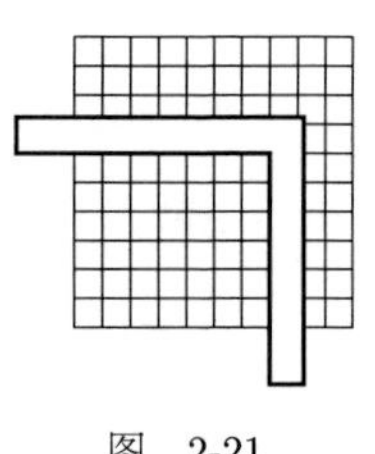

图 2-21

五·二进制也是记忆“九九乘法表”的好方法。在横、纵方向上第五个格的位置都各画一条直线，学生可以看着方块进行计算。例如，已知 $5 \times 5 = 25$，那么 6×7 就是在 5×5 的基础上添加三排 5，也就是 15，再加上多余的 2 个方块，这样就能得出 $6 \times 7 = 42$。现在

① 在日本的九九乘法表中，4 和 7 的发音相近。

的小学生在记忆“九九乘法表”上浪费了太多时间，使用这种方法会高效得多。

2.28 日本的九九乘法表

欧洲和日本对乘法的解释也不同。古时的日本人就能用唱歌的方式背“九九乘法表”了，所以日本人非常熟悉乘法的素过程，而欧洲人却无法做到这一点，因为他们使用的数词不合理。

日本奈良时代的人们将九九乘法表叫作“口游”，因此它是被当作一首歌传唱的。当时的九九乘法表从 $9 \times 9 = 81$ 开始，所以才得名“九九乘法表”。据说现在朝鲜半岛的九九乘法表仍然会从 $9 \times 9 = 81$ 背起。

之所以说它像一首歌，是因为在背诵乘积为 10 以内数的口诀时，口诀中都有一个“得”字，如二四得八、二二得四、二三得六等。但像 $2 \times 6 = 12$ 这样的口诀，由于乘积中多了一个“十”字，所以为了保证所有口诀的长度相同，就要去掉“得”字，变为“二六一十二”。为了增强节奏感而添加或去掉一个字正符合歌曲的特点。

一位数乘法中比较特殊的是 0。从笔算的角度看，九九乘法表中不能缺少 $0 \times$ 和 $\times 0$，但从心算的角度看，九九乘法表中并不需要 0，因为 0 和心算原本就毫无关系。

在进行 $\begin{array}{r}203\\ \times\ 54\\ \hline\end{array}$ 的笔算时就会出现 0。学生们能根据九九乘法表算出 $3\times4=12$、$2\times4=8$，但是却算不出 $0\times4=0$，这会使他们在计算时感到不知所措。

其实我们仍然可以用兔耳的数量来举例。一只兔子有两只耳朵，那么 2×0 就表示一只兔子都没有，所以也就一只耳朵也没有。因为这种解释不会将乘法看作加法的重复计算，所以这个例子能让学生立刻理解 2×0 的含义。

像 $\begin{array}{r}23\\ \times\ 12\\ \hline\end{array}$ 这样的两位数及其以上的乘法运算就是将多个一位数的乘法组合后再相加，但在相加时必须注意将位数对齐。另外，这一过程同样也能用方块来演示（图 2-22）。

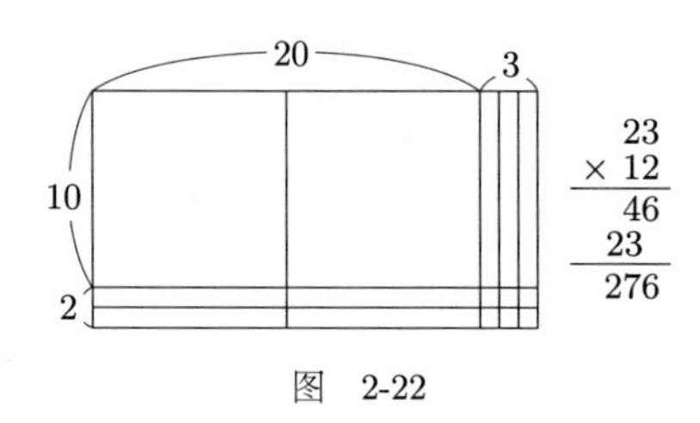

图 2-22

2.29 除法

以 $12\div4$ 为例，除法其实具有两层含义——等分除和包含除。“将 12 个橘子平均放在 4 个盘子里，每个盘子里有几个橘子？”这就是等分除。“有 12 个橘子，每个盘子放 4 个，共需要几个盘子？”这就是包含除，即在 12 中包含几个 4。虽然两者的答案都是 3，但意思却完全不同（图 2-23）。

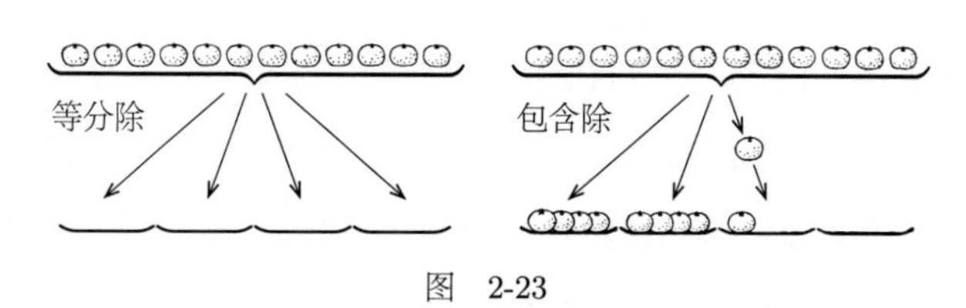

图　2-23

虽然等分除和包含除的含义不同，但两者并非毫无关联，它们的运算结果相同，并且可以互相转换。不过，很少有教师会在教学中展示二者的转换过程。

将 12 张扑克等分给 4 个人，每人能得几张？这是等分除。

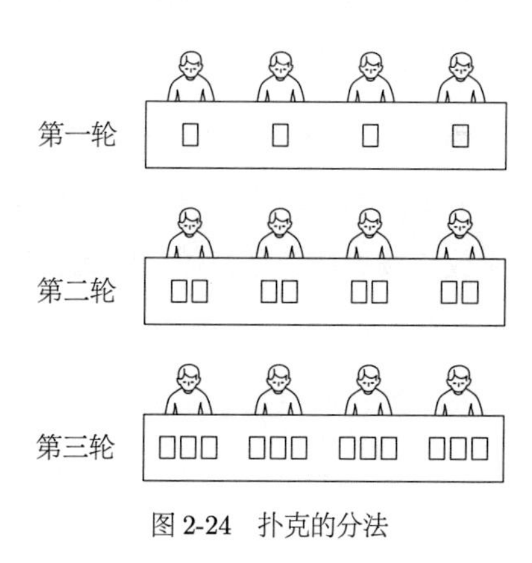

图 2-24　扑克的分法

在这个例子中，扑克的分法是关键。先按顺序给这 4 个人各发 1 张扑克，一轮之后再从头开始给每个人各发 1 张。按照这个顺序，第一轮共发 4 张牌，至第二轮共发 8 张牌……（图 2-24）我们只需看在 12 里包含了几个 4，就能知道要发几轮了，即每轮发 4 张扑克，12 张总共能发几轮，这就又成了包含除。12 张扑克能发 4 轮，一人发 3 张。发扑克本来是等分除，换个角度看就变成包含除，而且答案没变。通过发扑克的例子我们成功实现了等分除和包含除的转换（图 2-25）。

一位曾进入过原始部落探秘的探险家说，部落中的居民是不会这样解决问题的。比如在给 4 个人分水果时，他们会先目测水果的分量，将其大致分成四堆，如果有一堆水果过多，就将多出的水果分到最少的那一堆。可以说，这是一种反复试错的方法。

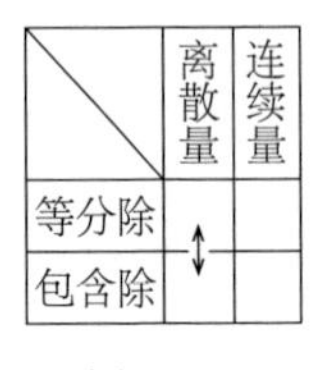

图 2-25

这种方法先将水果分成几堆，然后再做调整。如果某一堆水果过多，那么就从中拿出一些添加到其他堆。如果某一堆水果过少，那么就从其他堆中拿几个水果过来。发扑克的方法显然要比这种方法高级不少，因为其不仅严格区分了等分除和包含除，还实现了二者的结合。

0 在除法运算的过程中也很关键。例如，$5\overline{)3}$ 就是用 3 除以 5，除数和被除数都是整数，因此我们可以将其等同于把 3 个苹果分给 5 个人的问题。按照上文中发扑克的做法，3 个苹果不够给 5 个人发一轮，所以为了避免不公平，我们只能把这 3 个苹果都收回去。计算过程可用竖式表示为 $\begin{array}{r} 0 \\ 5\overline{)3} \\ \underline{0} \\ 3 \end{array}$，此时商为 0，余数为 3。

这类除法的笔算练习，尤其多位数除法的笔算练习非常重要，但教师却很少让学生做这种练习。

此外，以往的除法教学容易让学生产生“除尽很正常，除不尽就不好了”的错误观点，而在现实生活中显然是除不尽的情况更多。

教师应该告诉学生的是，在进行除法运算时有余数很正常，所谓“除尽”也就是余数为 0 的情况，这种情况只是偶尔才会出现。

在加减乘除四则运算中，除法是最难的，因为它还要用到另外三种运算。

一位数与一位数的除法略去不表，下面我们先来看一看用一位数除两位数的除法。

如图 2-26 所示，可以用方块展示 $3\overline{)76}$ 的结果。

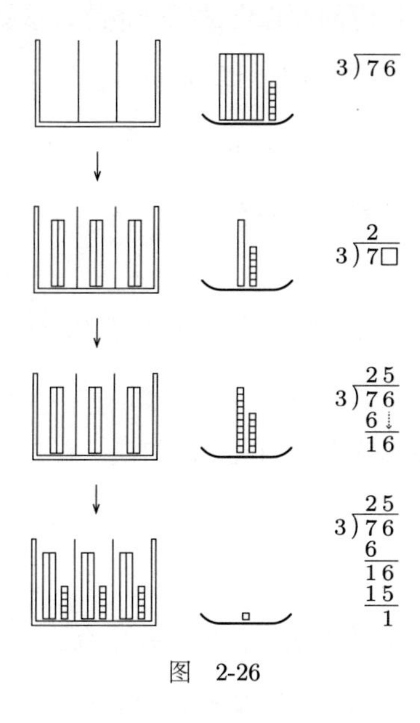

图 2-26

从图中可知，重复进行加减乘除的多个步骤才能得出最终答案。先用 7 除以 3 可得商为 2，再从 7 中减去 2 和 3 的乘积，可得余数为 1，最后再将 6 移下来，重新进行新一轮运算。乘是 ×，减是 −，将低位数字移下来其实就是 +。

2.30 求商

“求商”是除法独有的步骤。如果被除数为 6，那么当除数为 3 时，只要想出 3 乘几得 6 就可以了，但这一过程显然没有那么简单，因为我们必须要进行一番推测。

7 无法被平分成 3 份，所以想得出结果就要不断进行尝试，一条路走不通就要再次返回原点尝试另一条路，这就是试商。

这一步只在做除法时有，在加减乘法中都没有，所以最难。然而，很多教师只让学生自己试商却不教授具体的方法，殊不知这一步恰恰是除法的首要难点。

那么惯用的试商方法是什么呢？例如 $\begin{array}{r} 2 \\ 3\overline{)731} \\ \underline{6} \\ 13 \end{array}$，学生在计算时要运用“九九乘法表”中有关 3 的口诀。首先从 $1 \times 3 = 3$ 开始，然后是 $2 \times 3 = 6$，用这种方法要试商多次。所幸这道题比较简单，在第一步只要试商两次就能找到答案。

那么试商究竟应该先从比较小的数开始还是先从比较大的数开始呢？前者就是按 $1 \times 3 = 3$，$2 \times 3 = 6, \cdots$ 的顺序，但这样做会导致一个问题。有的学生试完一次就停了，不再继续试第二次，这样一来余数 4 就比除数 3 大，违背了余数不能大于除数的运算规则。

$$\begin{array}{r} 1 \\ 3\overline{)731} \\ 3 \\ \hline 4 \end{array}$$

相反，从大数开始试商就能避免出现这个问题。

我们可以先从最大的 $3\times9=27$ 开始，依次到 $3\times8, 3\times7, \cdots$ 最开始的 27 明显比 7 大，所以不能除。依此类推，$3\times8=24$ 不行，$3\times7=21$ 也不行……直到 $3\times2=6$ 时就可以除了。只要不出现计算错误，余数就不会比除数大。

$$\begin{array}{r} 9 \\ 3\overline{)\ 7} \\ 27 \end{array} \quad \begin{array}{r} 8 \\ 3\overline{)\ 7} \\ 24 \end{array} \quad \begin{array}{r} 7 \\ 3\overline{)\ 7} \\ 21 \end{array} \quad \cdots \quad \begin{array}{r} 3 \\ 3\overline{)7} \\ 9 \end{array} \quad \begin{array}{r} 2 \\ 3\overline{)7} \\ 6 \\ \hline 1 \end{array}$$

按照从小到大的顺序，学生可能会在接近正确答案时发现不行，只能放弃之前的计算。而如果按照从大到小的顺序，那么满足条件的第一个数就是正确答案，所以用这种方法更稳妥。

学习除法时就应该从后向前倒背九九乘法表，这种“反向背九九乘法表”的方法可以大幅度地降低出错率。

接下来是除数为两位数的除法，其难点也在试商，不过难度更大。例如在计算 $29\overline{)6548}$ 时，我们虽然可以将除数 29 看作比本身大的 30 进行试除，但其实这个方法并不好用，因为在九九乘法表中只有一位数的乘法而没有两位数的乘法。

因此我们可以先忽略个位上的 9 而只看十位上的 2，即只看高位不看低位。忽略个位上的 9，实际上是将 29 看作了 20，此时除数要比实际小。

2 和 20 的区别，在于两者只相差一个数位，2 是相同的。所以，试商的时候，我们可以暂且把 29 看作 20，来关注 2。这样一来，除数就比实际的除数小，因此得到的商也会比除数为 29 时的大。当我们将 29 看作 20，并关注 2 时，对于 6 而言可以去试 3，但这里的 3 这个商，要比除数为 29 时的实际商大。

$$\begin{array}{r} 3 \\ \mathbf{29}\overline{)\,\mathbf{6}548} \\ 87 \end{array}$$

如上面的式子所示，由于 87 比 65 大，所以 3 太大。接下来再换 2 试一试。

$$\begin{array}{r} 2 \\ 29\overline{)\,6548} \\ 58 \end{array}$$

这一次得到的是比 65 小的 58，所以 2 就是正确答案。

由此可见，当除数是两位数时，从大到小的试商法也同样适用。

与加减乘相比，除法的难度明显上升了一个层次。因为除法包含了加减乘法，所以练习除法也就顺便练习了另外三种运算法。当然，试商的次数也是越少越好。

当除数为 17、18、19 等介于 10 和 20 之间的数时，采用这种方法是最难得出结果的。例如 $19\overline{)\,92}$，忽略除数各位上的 9 而只看十位上的 1，先从 9 开始试商，得到的数太大。然后再依次用 $8, 7, \cdots$ 试商，一直试到 4 才能得到正确答案，期间总共需要试商 5 次。

$$\begin{array}{r} 9 \\ 19\overline{)\ 92} \\ 171 \end{array} \quad \begin{array}{r} 8 \\ 19\overline{)\ 92} \\ 152 \end{array} \quad \begin{array}{r} 7 \\ 19\overline{)\ 92} \\ 133 \end{array} \quad \begin{array}{r} 6 \\ 19\overline{)\ 92} \\ 114 \end{array} \quad \begin{array}{r} 5 \\ 19\overline{)92} \\ 95 \end{array} \quad \begin{array}{r} 4 \\ 19\overline{)92} \\ \underline{76} \\ 16 \end{array}$$

2.31 分数 · 小数

接下来是分数和小数的运算。在人类社会的起始阶段是不需要分数和小数的，当时的人只使用离散量就足以应付生产生活中遇到的问题。在人类开始集体生活、社会逐渐趋于复杂化之后，就需要借助分数和小数的力量了。

比如，要把 3 头野猪均分给 20 个人，就必须用 3 去除 20，此时会出现零头。在连续量的计算中，需要某种用来表示零头的数，分数和小数便由此诞生。

在四大文明古国中，最先发明分数和非常复杂的分数运算法的是古埃及，而最先发明小数的则是古巴比伦。不过，古巴比伦发明的是六十进制的小数，我们现在使用的时间和角度的单位就有古巴比伦小数的影子。一小时有 60 分钟，一分钟有 60 秒。角度的测量法也保留了六十进制，如 $5°32'18''$。

2.32 比例分数

毋庸置疑，分数和小数都是为了表示连续量而生的，但日本在1958年颁布的《学习指导要领》却无视了这一点，将分数定义为两个整数之比。例如，$\frac{2}{3}$就是2比3。分数不再与量相关，而是变成了两个整数间的某种关系。当时市面上的教科书都遵循文部省的这一方针，对分数的内容做出了修订，我个人非常反对这种做法。

用比例解释分数并非不行，但学生可能很难理解这种解释，所以在十多年后，日本的教科书最终还是删去了比例分数的内容。

删去这部分内容的导火索是学力测试。在文部省每年举行的学力测试中，只要出现与比例分数相关的题目，当年的测试成绩就会整体下降。学力测试充分证明了比例分数的不合理，所以文部省被迫妥协，重新修订了相关内容。

之后的《学习指导要领》虽然重新从量的角度定义了分数，但是对于那些已经学习了比例分数的学生来说，这样的补救措施是起不到任何作用的，最后只能不了了之。

很多在上小学时学习了比例分数的学生升入初高中后，虽然会进行分数的计算，但却还是不明白量和分数的关系，这就是比例分数教学留下的后遗症。

也许有人认为，只要会利用分数进行计算不就行了吗？可是直到今天，仍然有很多学生对分数定义这个核心的问题感到模棱两可，这简直是一种教育污染。当时在《学习指导要领》中将分数定义为两个整数之比的人的这种“奇思妙想”，真是让人难以理解。

2.33 量和分数

分数是表示连续量的数，这应该是其最准确的定义。

教育界关于应该先教分数还是先教小数这一问题一直存有争议。这两种顺序各有利弊，但从量的角度看，其实它们的差异不大。

方块可以清晰地展示出“从整数到分数再到小数”的变化过程，所以在此我们仍然要借助方块来讲解分数 (图 2-27)。

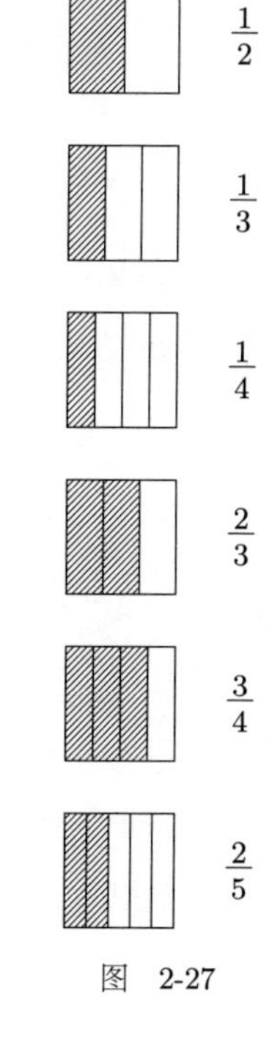

图 2-27

教分数时可以不用实物的方块，只在纸上画一个大一点的方块即可。

将方块平均一分为二，每份是 $\frac{1}{2}$；一分为三，每份是 $\frac{1}{3}$；一分为四，每份是 $\frac{1}{4}$。教师可以采取这样的方式为学生说明分数的定义。合并两个 $\frac{1}{3}$ 可以得到 $\frac{2}{3}$，即 $\frac{1}{3}+\frac{1}{3}$。也就是说，$\frac{2}{3}$ 是两份“1 除以 3 的结果”。

我们可以将小数看成分母为 10, 100, 1000, $\cdots$ 的特殊分数，只要理解了分数的运算规律，之后就能触类旁通地掌握小数的运算规律了。

小数也能用方块表示（图 2-28）。例如，0.1 就是 1 的 $\frac{1}{10}$，0.01 就是 1 的 $\frac{1}{100}$。

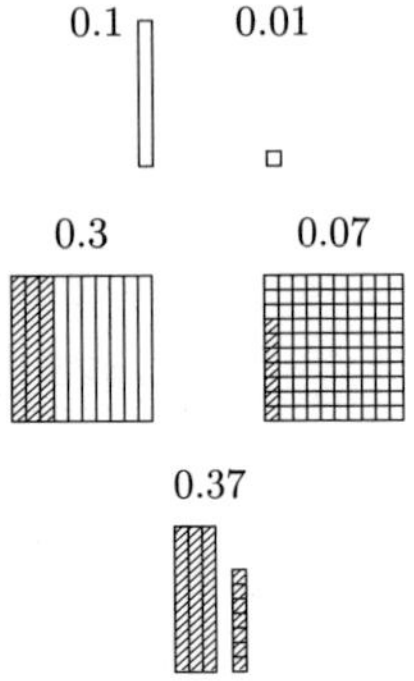

图 2-28

在这里教师还须向学生说明的是，分数 $\frac{2}{3}$ 也可以被看成是 2 除以 3 的结果。两份“1 除以 3 的结果”，与“2 除以 3 结果”的含义是不一样的，不过这并不妨碍它们的结果一致。前者可以用式子如下表示。

$$\frac{2}{3}=\frac{1}{3}+\frac{1}{3}=(1\div 3)\times 2$$

即为 1 除以 3 所得结果的 2 倍，也就是 1 除以 3 后再乘以 2。

而后者是 $2\div 3$，即 $(1\times 2)\div 3$，也就是 1 变为 2 倍后再除以 3。

用方块能清楚地演示二者的区别。如图 2-29 所示，2 除以 3 为 $2\div 3$，也就是将两个方块纵向叠加在一起后再平均分成 3 份，每份包含上面方块的 $\frac{1}{3}$ 和下面方块的 $\frac{1}{3}$，共有两个 $\frac{1}{3}$，所以结果为 $\frac{2}{3}$。借助方块能让学生立刻理解相关内容。

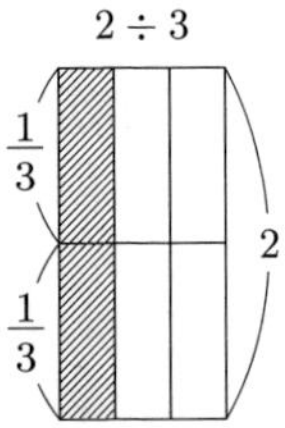

图 2-29

除了 $\frac{2}{3}$，其他分数也同理。例如 $\frac{4}{7}$，即 $4\div 7$，就是将 4 个方块纵向叠加后再均分为 7 份，每份都包含 4 份 $\frac{1}{7}$，所以结果就是 $\frac{1}{7}+\frac{1}{7}+\frac{1}{7}+\frac{1}{7}$，即 $\frac{4}{7}$（图 2-30）。

由此可见，用方块演示的效果非常好，用圆就没法解释得这么清楚了。

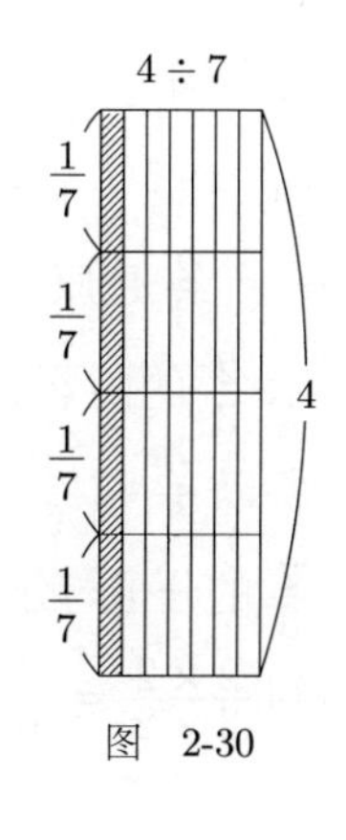

图 2-30

现在的教科书一般用线段来解释 $2 \div 3$ 的结果是 $\frac{2}{3}$。用线段表示 $\frac{2}{3}$ 倒没什么太大问题，但要想表示 $\frac{4}{7}$ 就比较复杂了。

如图 2-31 所示，线段可以清楚地表示 $\frac{2}{3}$，但却无法清楚地表示出 $\frac{4}{7}$，因此还得另寻他法。

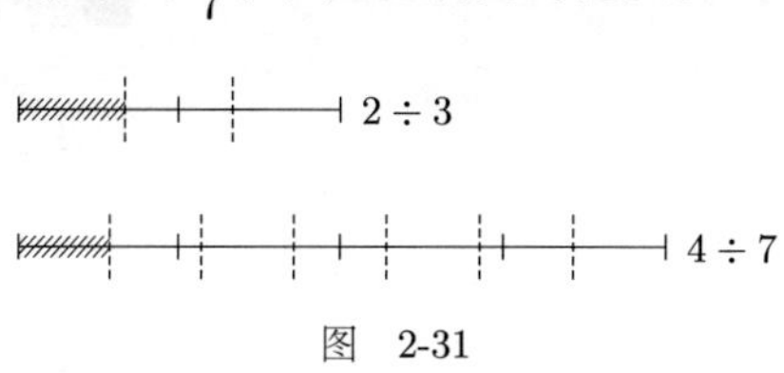

图 2-31

综上所述，线段演示法不具有普遍性，而方块演示法却适用于所有情况。表示整数可以将方块在横竖两个方向上自由排列，表示分数和小数时也可以从横向或纵向自由分割方块。

2.34 分数运算

分数运算的基本原则是：分母和分子同时乘以同一个数，则分数大小不变。

在此我们同样可以使用方块来进行说明。图 2-32 的图 (a) 中的斜线部分表示将一个方块平均分为 3 份后的其中 2 份，即为 $\frac{2}{3}$。接下来，我们在图 (a) 的正中央添加一条横线，使该方块被均分为 6 份。图 (b) 中黑色的部分就是将方块一分为六后的其中 1 份，即为

$\frac{1}{6}$。因为 $\frac{2}{3}$ 共包含 4 个 $\frac{1}{6}$，所以图 (a) 中的 $\frac{2}{3}$ 就等同于图 (b) 中的 $\frac{4}{6}$。

$\frac{2}{3}$ 是原始分数，$\frac{4}{6}$ 不过是在表示 $\frac{2}{3}$ 的阴影正中添加了一条横线，所以 $\frac{2}{3}$ 和 $\frac{4}{6}$ 是等值的。也就是说，$\frac{2}{3}$ 的分子与分母同时乘以 2，即可得到 $\frac{2\times2}{3\times2}=\frac{4}{6}$。

接着再如图 (c) 所示，将图 (a) 的方块横向均分成 3 份，黑色部分就是将方块一分为九后的其中 1 份，即为 $\frac{1}{9}$。$\frac{2}{3}$ 也就是 6 个 $\frac{1}{9}$，所以 $\frac{6}{9}$ 就是原始分数 $\frac{2}{3}$ 的分子和分母同时乘以 3 后得到的结果。以此类推，将代表 $\frac{2}{3}$ 的斜线部分横向均分成 4 份就是 $\frac{8}{12}$。

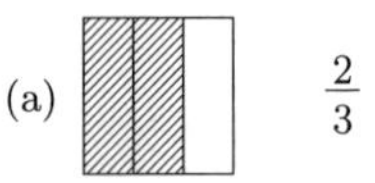

图 2-32

由此可见，分子和分母同时乘以同一个不为 0 的数，分数的大小不变。方块演示法不仅适用于整数运算，也可用于解释分数和小数的运算规律。

再来看分数的加法。例如，$\frac{2}{5}+\frac{1}{5}$ 就是 3 份 $\frac{1}{5}$，答案是 $\frac{3}{5}$（图 2-33）。分母相同的分数相加只需将分子相加、分母保持不变即可，该规律同样适用于分数的减法。

分母不同时只要进行通分即可。通分利用的就是分子和分母同时乘以同一个不为 0 的数后大小保持不变的原理。

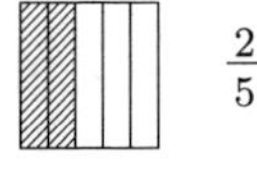

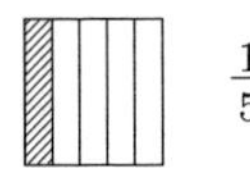

图 2-33

例如 $\frac{1}{3}+\frac{2}{5}$。如图 2-34 所示，$\frac{1}{3}$ 被横向平分为 5 份，$\frac{2}{5}$ 被横向平分为 3 份，因此可用算式表示为 $\frac{1\times5}{3\times5}+\frac{2\times3}{5\times3}$，即 $\frac{5}{15}+\frac{6}{15}$，所以结果为 $\frac{11}{15}$。

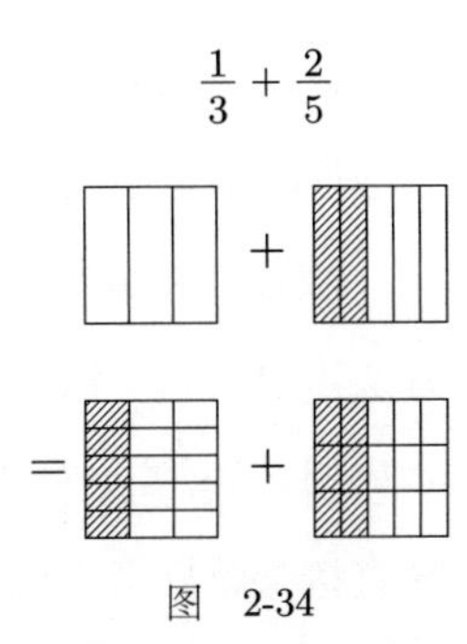

图 2-34

分数的加减法运算都可以通过运用分数运算的基本原则来解决，但在分数的运算中，最重要的是乘除法运算，即“×分数”和“÷分数”。二者算得上是小学数学中最凶残的“拦路虎”了，很多学生在学习这部分知识时跟不上进度，从而对数学产生了厌恶情绪。

我在第 1 章中提到过，从量的角度来看，乘除和加法是无关的。

我们必须抛弃旧观念，树立新的认识，即乘法表示“在每份中有多少的情况下，多少份一共有多少”，除法表示“一共有多少的情况下，依照每份有多少，平均可以分成几份”。

数数主义在面对分数的乘除法时会束手无策，因为该理论的基础是序数。删除了量的数数主义勉强可以应付整数运算，但遇到分数等连续量时就只能束手就擒了。数数主义下的传统算术教学，无法从量的角度说明分数和小数的意义，因此自然更无法解释分数和小数的乘除法。

分数、小数的乘除法不仅让日本的小学生感到头疼，它也是困扰全世界小学生的难题。特别是英语单词 multiply 既表示乘又表示增加，这更加大了欧洲小学生的学习难度。还好日语中的“乘”没有增加的意思，从这一点上看，日本学生要比欧洲学生幸运一些。

教授“× 分数”和“÷ 分数”的方法有很多种。日本的传统方法需要借助“倍数”的概念，从 1 倍、2 倍等整数倍开始，逐渐扩展到 $\frac{1}{2}$ 倍、$\frac{2}{3}$ 倍等。教师会将倍数解释为乘法，只要在看到倍时直接乘就好了。但是从倍的原意来看，这种解释其实并不合理，因为“倍”为增加、增多之意，而一个数在乘以 $\frac{1}{2}$ 倍、$\frac{2}{3}$ 倍后其大小并没有增大。

在进入对“× 分数”和“÷ 分数”的讲解之前，我们先来讲讲分数乘以整数和分数除以整数这两种情况。

分数乘整数表示从单位量里拿出多少份。例如，$\frac{2}{5}\times 3$ 就可以用图 2-35 中的方块表示。

$\frac{2}{5}\times 3$

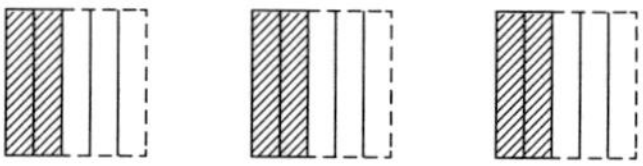

图 2-35

也就是说，共有 6 个 $\frac{1}{5}$，结果为 $\frac{6}{5}$，也就是分母保持不变，将分子乘以 3 即可。

$$\frac{2}{5}\times 3=\frac{2\times 3}{5}=\frac{6}{5}$$

遇到分数除以整数的情况，例如 $\frac{2}{5}\div 3$，可按图 2-36 所示，将方块再横向平分为 3 份，每份就是 $\frac{1}{15}$（图中黑色部分）。$\frac{2}{5} \div 3$ 共包含两小份，所以结果是 $\frac{2}{15}$。

$\frac{2}{5} \div 3$

图 2-36

在进行计算时，$\frac{2}{5}$ 的分子保持不变，只将分母乘以 3 即可得出答案。

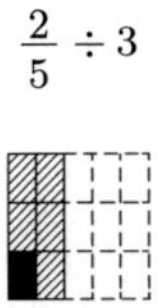

$$\frac{2}{5} \div 3 = \frac{2}{5 \times 3} = \frac{2}{15}$$

由此可知，分数运算的规律如下。

“分数乘整数时分母不变，用分子乘该整数即可。”

“分数除以整数时分子不变，用分母乘该整数即可。”

2.35 分数的乘法

那么，分数乘分数又该如何计算呢？

已知 1 升谷物重 $1\frac{1}{2}$ 千克，求 $2\frac{3}{5}$ 升谷物的重量。

这道题等同于拿出 $2\frac{3}{5}$ 份 1 升谷物，所以需要运用乘法进行计算。

$$1\frac{1}{2} \times 2\frac{3}{5} = \frac{3}{2} \times \frac{13}{5}$$

首先可以用方块纵向摆出代表 1 份的 $1\frac{1}{2}$，接着再横向摆出 $2\frac{3}{5}$ 份。

这就是这道题中乘法的含义。下一步我们再来看看具体的运算方法。

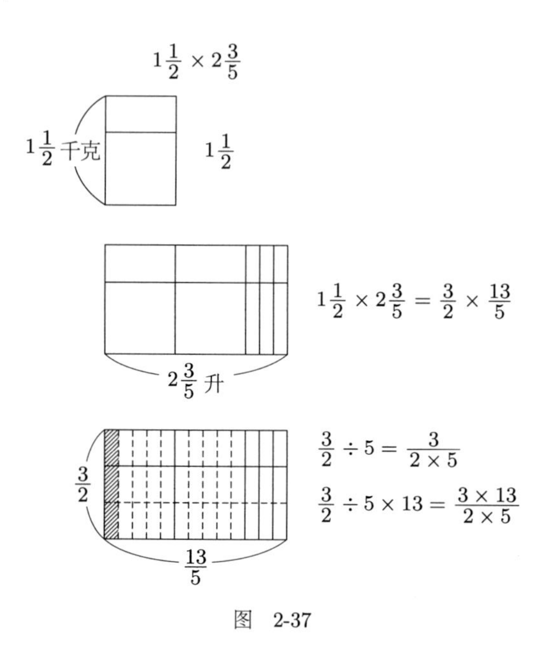

图 2-37

首先计算 $\frac{1}{5}$ 升的重量，也就是将 1 升平均分成 5 份，即如图 2-37 所示，只需在方块内画 4 条竖线。方块内的斜线部分可用等式表示如下。

$$\frac{3}{2}\div5=\frac{3}{2\times5}$$

因此它的 13 倍可以表示如下。

$$\frac{3}{2}\div5\times13=\frac{3\times13}{2\times5}$$

$\times\frac{13}{5}$ 和 $\div5\times13$ 的结果相同，所以可将 $\frac{3}{2}$ 的分母 2 与 $\frac{13}{5}$ 的分母 5 相乘，再将 $\frac{3}{2}$ 的分子 3 和 $\frac{13}{5}$ 的分子 13 相乘。

分数乘分数时，分母相乘为积的分母，分子相乘为积的分子。

2.36 分数的除法

为了让学生充分理解分数的除法，教师可以让学生将被除数想象成具体的物质，比如水这种可以被无限分割的液体。

将水注入水箱，然后在水箱中加入隔断（图 2-38）。除数为 3 就是将水箱隔成大小相等的 3 个区域后再注水，用全部水量除以 3 就是其中 1 个区域内的水量。

除数为 4 时就是将水箱隔成 4 个等大的区域，除数为 2 时就是将水箱隔成 2 个等大的区域。在教学中如果不使用实际的水箱，教师也可以在黑板上画一个水箱的示意图。

那么该怎样计算 $\div 2\frac{3}{5}$ 呢？这一步很关键。此时我们需要将水箱隔成 3 个区域，即 2 个等大的“大区域”和相当于 1 个“大区域”的 $\frac{3}{5}$ 的“中区域”，然后在水箱里注入全部的水，求 1 个“大区域”的水量。

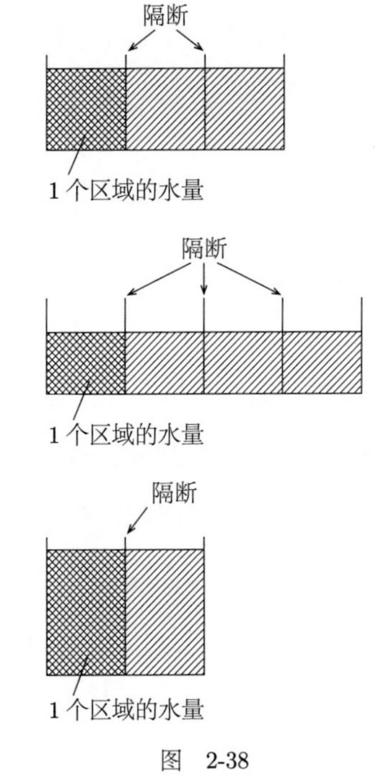

图 2-38

在进行具体操作时，教师可以

将那 2 个等大的“大区域”都再分成 5 个等大的“小区域”，这样一个水箱共能分出面积相同的 13 个“小区域”，每个小区域内的水量就是总水量除以 13。这道题求的是 1 个“大区域”内有多少水，所以将每个等大的“小区域”的水量乘以 5 就能得到最终答案（图 2-39）。

也就是说，先除以 13 再乘以 5 就能得到最终答案。$\div\frac{13}{5}$ 就是 $\div 13\times 5$，即“除数是分数时，要先用被除数除以分子再乘以分母”。

如果是分数除以分数的情况，那么被除分数的分母和作为除数的分数的分子相乘，即为答案的分母；被除分数的分子和作为除数分数的分母相乘，为答案的分子。这是小学算术中最难的分数除法。

所以当除数是小于 1 的分数时，得到的商会变大。例如，把所有水都注入水箱 $\frac{1}{3}$ 的区域内，那么单位内的水量就会增加。在水量一定的情况下，水箱内间隔开的每个区域越小水位就越高，这也代表了单位内水量的增加。

然而，黑封面教科书却对以上内容只字未提，只写了“当除数是分数时要用被除数除以分子再乘以分母”的计算方法。因为不懂运算规律背后的含义，所以学生在解题时往往急得抓耳挠腮，教师在讲题时也不知该从何处着手。

我的老家在九州的乡下，那里夏季非常炎热，煮熟的米饭放在木桶里很快就会变馊，所以九州人都将装了米饭的竹篓挂在温

÷ 分数（除以分数）

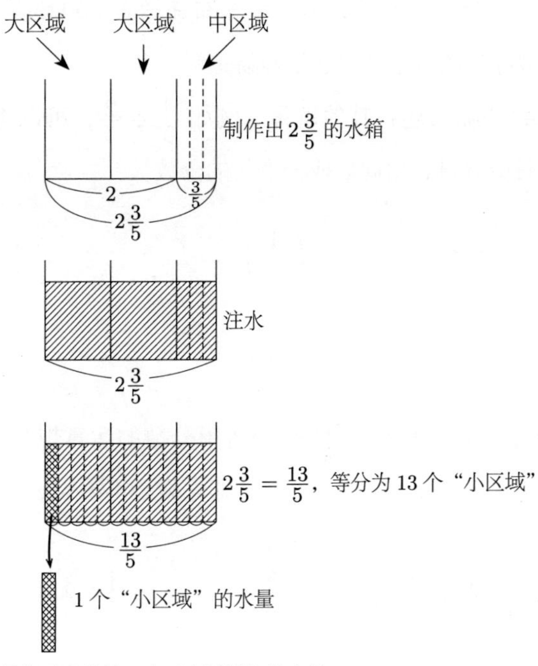

最终要求的是 1 个“大区域”的水量

5 个 的水量就是 1 个“大区域”的水量

÷ 13 × 5 便可以求得 1 个“大区域”的水量

图　2-39

度偏低的高处，等米饭吃完了就把竹篓取下来挂在墙上。九州的数学老师会将分数的除法比喻成“把竹篓取下来挂在墙上”。

这个比喻倒是很好记，但学生却知其然而不知其所以然，因此在做分数除法的应用题时还是容易犯错。

对分数的除法还有其他解释。例如 $\frac{4}{5} \div \frac{2}{3}$，可以将 $\frac{4}{5}$ 看成分子，$\frac{2}{3}$ 看成分母，由此形成一个新的分数。

$$\frac{\left(\frac{4}{5}\right)}{\left(\frac{2}{3}\right)}$$

$\frac{\text{整数}}{\text{整数}}$ 是分数，那么 $\frac{\text{分数}}{\text{分数}}$ 是否适用分数的运算规律呢？我们让新分数的分母和分子乘同一个数，即先乘 3 再乘 5，可得

$$\frac{4}{5} \div \frac{2}{3} = \frac{\frac{4}{5}}{\frac{2}{3}} = \frac{\frac{4}{5} \times 3 \times 5}{\frac{2}{3} \times 3 \times 5} = \frac{4 \times 3}{2 \times 5}$$

虽然最终结果也是正确的，但是这种方法在形式上非常不好理解。

第3章　集合与逻辑

3.1 集合是什么

英语中表示集合的单词为 set，这个词在日语中为外来语“セット”(set)，表示“成套、组合”的意思，比如咖啡用具组合等。在日语中，比起“集合”一词，“セット”似乎更加容易理解，表示把某些东西聚集、组合在一起。在英语中，有很多学术用语和日常用语没有差别，比如 set 既适用于日常生活，又能表示数学中的集合。

在日语中，“集合”一词一般被当作动词使用，如“中午到运动场集合”等。尽管我们非常希望日常用语和学术用语能保持一致，但日语显然并非如此。

集合的原意并不复杂，其实就是“聚集、整合”的意思。日常生活中我们有时即便没有使用集合一词，实际上也都不由自主地运用了集合的思维。

比如，大家在路上遇到熟人时多会这样寒暄一句：“您的家人都好吗？”这里的“家人”指的就是家里人的集合。如果非要用上集合一词，那么这句话就会变成“您的家人的集合都好吗？”

人类很早就会从整体的角度观察事物，所以集合并不是一个新概念。

家人的集合、班级内学生的集合等，这些都是由有限个元素构成的集合，是有限集合。但集合也未必都是物体的集合，抽象概念也能构成集合。

比如一周七天，即“周一、周二、周三、周四、周五、周六、周日”也是一个集合。一周七天不是物体，看不见、摸不着，但这并不妨碍它们构成集合。所以除了具体的物质，人类思考出的抽象概念也可以构成集合。集合论的创始人康托尔（1845—1918）将集合定义如下：“把我们在直观或者抽象思维上可以加以区别的对象（称为集合的元素）整合为一个整体，这就称为集合。”

定义中“直观上的对象”指的是具体的事物，而“抽象思维上的对象”则可以是任何由人类思考出的东西。

出现这种定义，似乎难度一下子就上来了，不少孩子觉得这种东西不好理解。比如，宪法中有“第一条、第二条……”等条款，将这些条款看作一个整体，就可以把宪法条款看作一种集合。不过，宪法的条文并不是什么具体的事物。再比如，西行法师[①]的《山家集》中收录的所有和歌，也能构成一个集合。每一首和歌也不是什么具体的事物，但它们是“抽象思维上的对象”，所以把它们整合为一个整体的话，也是集合。

虽然“抽象思维上的对象”的集合不太好理解，不过只要是有限集合的话，还是比较简单的。有限集合对孩子来说是否简单，还不好说，但至少对成年人来说是很简单的。

① 平安末期、镰仓初期的著名和歌创作者。

3.2 无穷集合

相对而言，无穷集合就比较难了。直线上有无穷多个点，所以直线上的点的集合就是无穷集合。将无穷多个点看作一个集合，实际上是非常困难的事。康托尔最初就是从思考无穷集合出发，进而创立了集合论。

学校在教授集合论时，我个人希望是能按照一定的顺序来讲授，但现在的教科书却将简单的部分和复杂的部分混杂在一起，这样的教科书存在很大的问题。有限集合简单而无穷集合复杂，现在的教科书并没有体现出二者间的难易差别。

对于孩子而言，要理解“集合”，就需要让孩子能在脑海里想象出“集合在一起的状态”。

比如，理解家人的集合就很简单，因为孩子能联想到每天一家人围坐在一起吃晚饭的场景。

同理，理解全班同学的集合也很简单。理解全班同学的妈妈的集合也不难，只要联想到开家长会的场景就行了。但是全班同学的爸爸的集合就不太容易联想了，毕竟能将所有同学的爸爸聚在一起的机会很少。

由此可见，即使都是有限集合，对于孩子来说也分容易理解的和不容易理解的，更不用说无穷集合这种难度更大的集合了。

在遇到“所有正方形的集合”这类的问题时，孩子在脑海里想象出所有的正方形集合在一起的状态就不容易。所以，我无法认同当前的教科书将集合知识不加区分地灌输给学生。因为理解具体物质的集合并不难，而想要理解抽象概念的集合却不容易。

3.3 集合的定义

要在数学体系中来处理集合，就需要使用数学符号。数学这门学科，如果借助符号就能进行多种多样的研究。所以要研究集合，自然要先来思考表示集合的符号。

集合的第一种表示方法是，把集合的构成成员，也就是“元素”逐一写出来。例如，在表示由一周七天组成的集合时，我们可以通过使用一个大括号来表示这个集合。

一周七天的集合 = { 周一，周二，周三，周四，周五，周六，周日 }

周一、周二……就是这个集合的元素。列举出每个元素，再将其用大括号括起来，这是集合最简单明了的表示方法。

但是，很多情况下我们难以列举出集合中的全部元素，比如“全体日本人的集合”，我们无法列举出每个日本人。这时就需要用一句话来概括集合中所有元素的特征了，所以“全体日本人的集合”就可以如下表达。

“x 是日本人，所有 x 的集合”

用集合的符号可以如下表示。

$$\{x|x \text{ 是日本人 }\}$$

这就代表全体日本人的集合，竖线后是集合元素需要满足的条件。日本的人口有 1 亿多，逐一列举出 1 亿多个元素几乎是不可能的，但使用上述方法就简单多了。竖线前的 x，表示所有是日本人的 x。这种表示方式由欧洲人发明，是西方语言中关系代词的表达方式。

The set of all persons, who are Japanese.

将这句话和 $\{x|x \text{ 是日本人 }\}$ 比较来看，关系代词 who 和先行词 all persons 指代的是相同的内容。竖线前的 x 等同于 all persons，竖线相当于逗号，而竖线后的 x 则相当于 who。在 who 后接的是具体内容，而竖线后的部分表示的是集合元素需要满足的具体条件。

这就是集合的内涵定义。“内涵”指的是该集合的所有元素都包含于其中，用它们共同具有的特性定义集合。

而与之相对，类似于一周七天的集合 = { 周一，周二，周三，周四，周五，周六，周日 }，这样表示集合的方式是外延定义。若要用外延定义表示全体日本人组成的集合，那么就需要去日本各级政府机构调取所有居民的户籍信息，或者进行全国范围的人口调查。这样做费时费力，而使用内涵定义却能省去这些麻烦。

其实，即使我们真的采用了实际调查法，也会遇到很多困难。

比如那些在调查的一瞬间出生的人和去世的人要怎么算呢？况且外延定义也无法定义无穷集合，因为我们不可能将无穷多个元素一一列举出来。

3.4 元素

数可以进行加减乘除的运算，同样，集合也可以成为计算的对象，即集合计算。

将集合 A 用外延定义定义 $A = \{a_1, a_2, \cdots\}$ 时，$a_1, a_2, \cdots$ 是 A 的构成成员，也就是元素，即 $a_1, a_2, \cdots$ 是集合 A 的成员。

我们可以说“a_1 是集合 A 的元素”“a_1 属于集合 A”，但在写有关的数学文章时却不会使用这类文字表达，而要使用下面的符号。

$$a_1 \in A$$

这就是把“a_1 是集合 A 的元素”这句话符号化了。

英文字母只有 26 个，但如果像 $a_1, a_2, \cdots$ 这样给字母编号，那么即使有 100 个元素，我们也能用 $a_1, a_2, \cdots, a_{100}$ 来表示它们，使用这种统一编号法在一些情况中是非常方便的。这种方法的发明者是德国哲学家莱布尼茨，他是一个非常善于创造符号的人。

如果 b 不属于 $A = \{a_1, a_2, \cdots\}$，即在 $b \in A$ 不成立的情况下，就要使用否定的符号表示 b 不是集合 A 中的元素了，即

$$b \notin A$$

这表示“b 不属于集合 A”。

$\in$ 是希腊字母 ϵ，虽然没有确切依据，但有一种观点认为，这个字母取自德语单词“enthalten”（包含）的首字母“e”，e 在希腊语中就是 ϵ。集合论的创立者康托尔就是德国人，所以这种说法或许有一些可信度。

在几何学领域里，我们会用“$AB \perp CD$”表示“直线 AB 垂直于直线 CD”。可以说，把文字表述转化为符号表述，就是数学的生存之道。

3.5 部分和整体

有 A 和 B 两个集合，$A = \{a_1, a_2, \cdots\}$，$B = \{b_1, b_2, \cdots\}$。若 B 的元素，即 $b_1, b_2, \cdots$ 都是 A 的元素，也就是说，B 中所有元素都包含在 A 中，此时我们就可以说“B 是 A 的子集”，写作

$$B \subseteq A$$

可以说，子集就是集合的一部分。不过，在数学领域中，A 自身也被认为是 A 的子集，这一点不同于日常生活经验。

$$A \subseteq A$$

在日常生活中，我们认为“子”不是整体，但在数学中却会将集合自身也看作“子”，其中暗含了相等的含义。

康托尔时代将 $A \subseteq A$ 写作 $A \subset A$。$\subset$ 是表示大小的不等号的变形，所以写成 $A \subset A$ 的形式就很容易给人一种左边比右边小的错觉，因此后来就改用 $A \subseteq A$ 来表示。

集合间“部分和整体”的关系非常类似于数之间的大小关系。

举个例子吧。从东京前往横滨的国电电车，会经停东京站、有乐町站、新桥站……其中同时属于横须贺线停靠站的有东京站、新桥站、品川站、川崎站、横滨站这五站。将从东京到横滨的国电电车的所有停靠站记为集合 A。车站是不是物体不好说，但每个车站有建筑物。我在前文说过，集合不仅指物体，也指抽象概念，所以我们可以把国电电车的所有停靠站看成一个集合。将横须贺线的所有停靠站记为集合 B，那么 B 就是 A 的子集，但 B 不等于 A，我们可以用符号 $B \subsetneqq A$ 表示二者的关系。

再换一个班里学生的例子。假设班里共有 40 人，我们把班里的所有学生看作一个集合。这样一来，昨天请假的学生的集合，就是班内学生集合的一个子集。今天请假的学生的集合，也是一个子集。同样，今天来上学的学生的集合也是一个子集。如果今天没有人请假，那么今天来上学的学生就等同于班内所有学生。但“今天来上学的学生”组成的这个集合，依然是“班内所有学生”这个集合的子集。把班里的男生看作是一个集合的话，这也是一个子集，同样女生的集合也是一个子集。就像这样，集合之间存在部分与整体的关系，这非常类似于数之间的大小关系。从数量上看的话，集合元素的个数，不会小于其子集元素的个数。

3.6 补集

真正表示“部分”的子集，也就是表示普通意义上的、和整体不完全一致的“部分”的子集，叫作真子集。例如，在一个既有男生又有女生的班级中，全体男生组成的子集就是真子集。虽然子集有时等于全集，但前面若加了“真”字，那么该集合就不能表示整体了。

这里用 E 表示全班学生的集合，A 为男生集合，B 为女生集合。如果将 A 从 E 中去掉，剩下的就是集合 B，B 就叫作 A 的补集。数学家想出了很多符号表示补集，比如 A'、$\bar{A}$、A^c 等。集合在近几年才被纳入学校的数学教科书中，所以符号还没统一，目前使用最多的是 $\bar{A}$，本书也采用这个符号。B 是 A 的补集可以用符号如下表示。

$$B = \bar{A}$$

A^c 来源于英语单词 complementary。在几何学中，若两角之和等于 180°，那么去掉其中一角，另外一角就是该角的补角，这和集合中的补集是一个意思。

我曾在第 2 章中提到过求剩。其实从集合的角度来看，求一个集合中真子集的补集就是求剩。

求一个集合的补集的补集，则会回到原来的集合，用符号可如下表示。

$$\bar{\bar{A}} = A$$

求班级中男生集合的补集，可得到女生集合。再求女生集合的补集，则得到男生的集合。这就是“补”的含义。

补数也是一样。例如，3 的补数是 7，7 的补数又变回了 3。求补两次，就回到了原点。

3.7 交集

接下来是“交集”或者“相交”。将一个班的全体学生看成全集 E，A 和 B 都是 E 的子集，即 $A \subseteq E, B \subseteq E$。接下来要看的是同时属于 A 和 B 的元素。

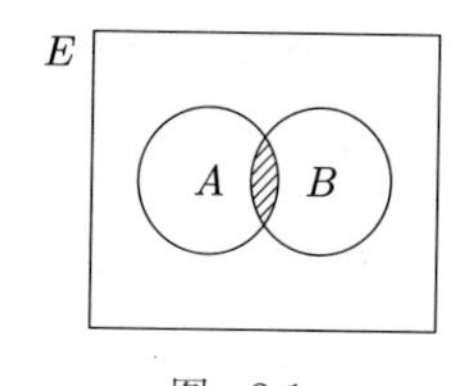

图 3-1

举一个实际的例子。A 是全体男生的集合，B 是昨天请假的学生的集合，那么 A 和 B 的共同的部分就是既是男生、又在昨天请假的人，即昨天请假的所有男生的集合，也就是图 3-1 中画斜线的部分。这部分就叫作“交集”或“相交”。

“相交”可用英语单词 meet 表示，用符号则可如下表示。

$$A \cap B$$

该符号的上半部是封闭的圆弧，形状类似于贝雷帽，所以我们也称之为“cap”。

A 和 A 的交集是 A，即集合 A 自身和自身的共同部分是自身，用符号可如下表示。

$$A \cap A = A$$

例如，男生集合和男生集合相交的部分，即全体男生的集合。这种情况下，相交的部分与自身完全重合，所以交集就是自身。

A 和 B 的相交部分就是 B 和 A 的相交部分，即

$$A \cap B = B \cap A$$

A 和 B 的顺序可以调换。

下面来看有三个子集的情况。图 3-2 中的斜线部分（含黑色部分）表示 $A \cap B$，这部分又和 C 相交，即 $(A \cap B) \cap C$，即图中黑色部分，$A \cap (B \cap C)$ 也可得到相同的结果。图 3-3 中的斜线部分（含黑色部分）表示 $B \cap C$，黑色部分同样表示 $B \cap C$ 与 A 的交集。某元素同时包含于集合 A 和集合 B 且包含于集合 C，调换以上三个条件的顺序不会使结果发生改变，所以用数学符号表示时加与不加括号都没有区别。因此，同时包含于集合 A、B、C 可直接用数学符号如下表示。

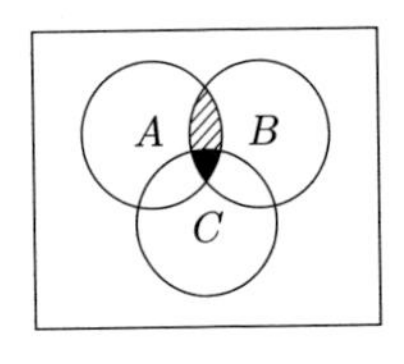

图 3-2

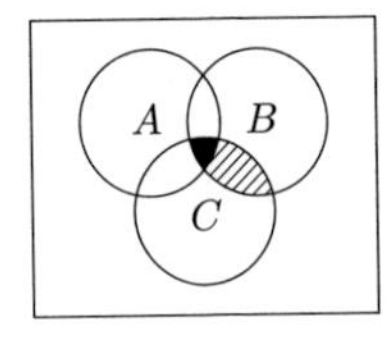

图 3-3

$$A \cap B \cap C$$

$$(A \cap B) \cap C = A \cap (B \cap C)$$

这是 $\cap$ 的规则。

话说回来，其实 $A \cap B$ 的情况与数的乘法运算非常相似。

$A \cap B = B \cap A$ 和乘法中的 $a \times b = b \times a$ 类似，调换前后顺序不影响结果，这种规律被称为交换律。$(A \cap B) \cap C = A \cap (B \cap C)$ 和 $(a \times b) \times c = a \times (b \times c)$ 类似，这是结合律。

交集的规律在形式上和数的乘法运算相似，所以很好记忆。但 $A \cap A = A$ 是特殊情况，因为在乘法中，只有当 a 等于 0 或 1 时 $a \times a = a$ 才成立，在其他情况下都是不成立的。

3.8 并集

接下来我们来看一看“并集”，并集其实就是“合并”。如图 3-4 所示，我们可以看到两方合并后的斜线部分。图中的斜线部分，就表示集合 A 和 B 的并集，写作 $A \cup B$。因为 $\cup$ 的形状像一个杯子，所以这个符号也被叫作“cup”。

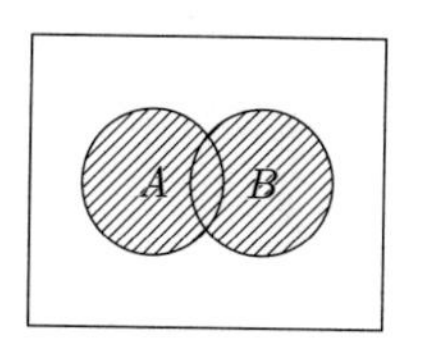

图 3-4

并集和加法的运算法则很像，当然两者并不完全相同。

$\cup$ 和 $\cap$ 具有相同的规律，即 A 和 A 自身的并集就是 A 自己。

$$A \cup A = A$$

所以，刚才交集的那些规则，在并集的情况下也成立。这一点大家可以自己去验证一下。

$$A \cup B = B \cup A$$

$$(A \cup B) \cup C = A \cup (B \cup C) = A \cup B \cup C$$

交换律、结合律同样适用于并集。如此看来，交集和并集这两个符号，还真是凝结了创造者的巧思。

补集、交集、并集，在这三种关系之间，存在一个非常重要的定理。

3.9 德 · 摩根定理

这个定理就是德 · 摩根定理，定理的具体内容如下。

集合 A 与集合 B 的交集的补集，等于集合 A 的补集与集合 B 的补集的并集，用符号可如下表示。

$$\overline{A \cap B} = \overline{A} \cup \overline{B}$$

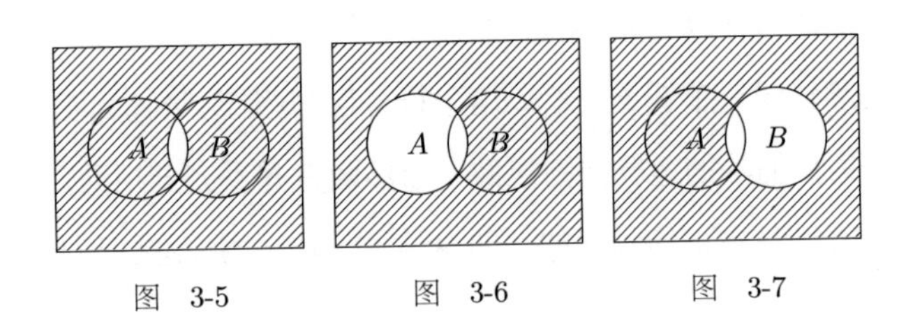

图 3-5　　图 3-6　　图 3-7

图 3-5 中的白色部分表示 $A \cap B$。等式左边是 $A \cap B$ 的补集 $\overline{A \cap B}$，即图 3-5 中的斜线部分。$\overline{A}$ 是图 3-6 中除 A 以外的斜线部分，$\overline{B}$ 是图 3-7 中除 B 以外的斜线部分，所以等式右边就是 $\overline{A}$ 和 $\overline{B}$ 的并集，将图 3-6 和图 3-7 重叠后得到的斜线部分刚好与图 3-5 一致。

德・摩根定理的另一条内容，即集合 A 与集合 B 的并集的补集，等于集合 A 的补集与集合 B 的补集的交集，用符号可如下表示。

$$\overline{A \cup B} = \overline{A} \cap \overline{B}$$

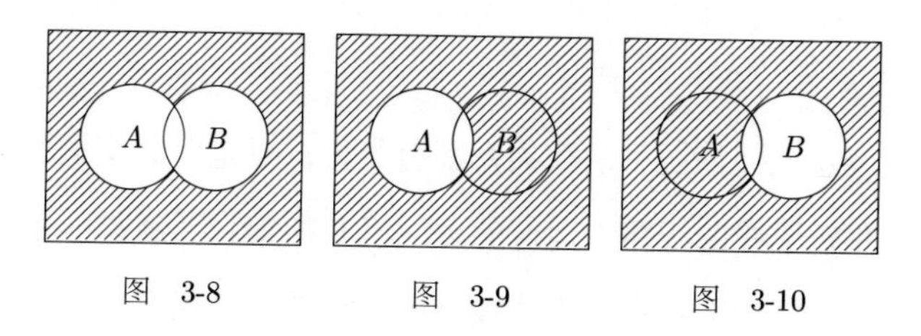

图 3-8　　图 3-9　　图 3-10

图 3-8 中白色的部分表示 $A \cup B$。等式左边的 $\overline{A \cup B}$ 是 $A \cup B$ 的补集，即图 3-8 中的斜线部分。图 3-9 中的斜线部分表示等式右边的 $\overline{A}$，图 3-10 中的斜线部分表示 $\overline{B}$。$\overline{A} \cap \overline{B}$ 是 $\overline{A}$ 和 $\overline{B}$ 的交集，也就是图 3-9 和图 3-10 重合的部分，与图 3-8 完全一致。

我们可以看到，求补集实际上就是 cap 和 cup 的互相调换。这也是德・摩根定理的真正意义。

3.10 空集

下面我想介绍的是“空集”。空集就是不含任何元素的集合，也就是说，集合是空的。我们在第 2 章解释 0 的含义时说过，0 表示的容器没有任何东西，只剩下容器的情况，其实空容器就是空集。

空集的具体定义就是元素个数为 0 的集合。

参照 0 的定义就很容易理解空集的概念了。如图 3-11 所示，A 和 B 互相独立，二者没有公共部分的集合。但是，直接说 $A \cap B$ 不存在是不够严谨的，更准确的说法应该是“$A \cap B$ 为空集”。

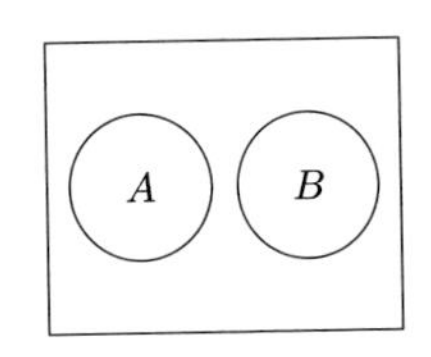

图 3-11

这表示任何情况下两个集合都有交集，只是有时交集为空集，例如“在新干线的线路上运行的蒸汽机车的集合”就是一个空集，因为不存在任何一辆在新干线线路上运行的蒸汽机车。“空集”就是“不存在、没有”的意思。

将空集也纳入到集合的大家庭中的话，它会非常容易辨认。空集可用符号如下表示。

$$\{\ \}$$

大括号中什么都没写就说明这是空集，可以说是一目了然。将由全班学生组成的集合看成 E，则 E 的补集就是空集。

$$\overline{E} = \{\ \}$$

有时我们也用希腊字母 ϕ 表示空集，这个符号看上去就像一条斜线穿过 0。

$$\{\ \} = \phi$$

说起来，这个符号和 0 长得也很像。

求补集则和减法有点像，虽然不完全相同，但两者的确有类似之处。

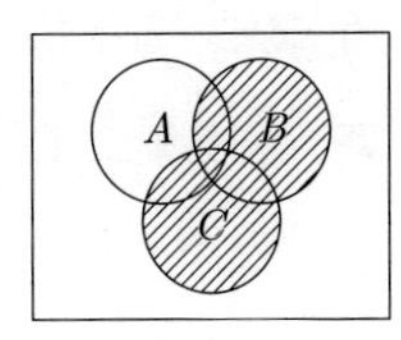

图 3-12

数的计算中存在 $a(b+c) = ab + ac$ 的运算规则，集合中也存在类似的规则。

$$A \cap (B \cup C) = (A \cap B) \cup (A \cap C)$$

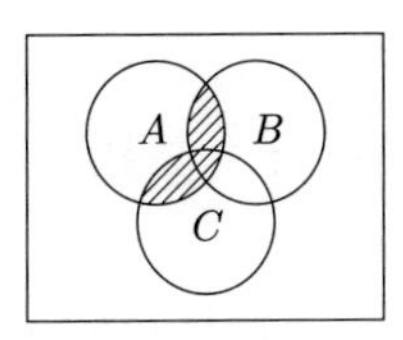

图 3-13

图 3-12 中的斜线部分表示 B 和 C 的并集。等式左边表示 B、C 的并集与 A 的交集，也就是图 3-13 中的斜线部分。A 和 B 的交集可用图 3-14 中的斜线部分表示，A 和 C 的交集则是图 3-15 中的斜线部分。等式右边即为图 3-14 和图 3-15 的合并，所得结果与图 3-13 中的斜线部分完全一致。这就是集合的分配律。

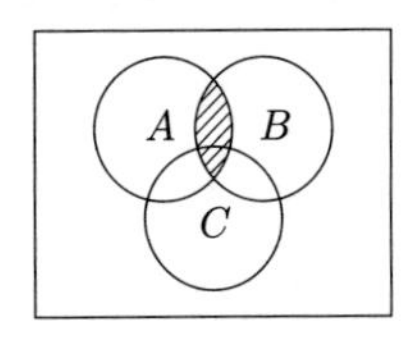

图 3-14

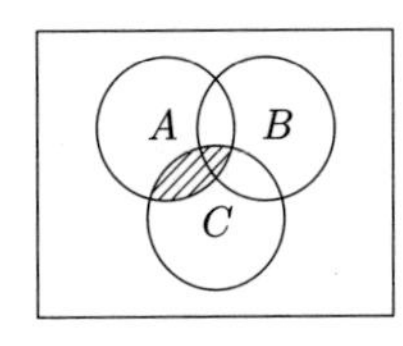

图 3-15

$A \cup (B \cap C) = (A \cup B) \cap (A \cup C)$ 也同样成立。这是因为德·摩根定理认为，补集的世界就是 $\cup$ 和 $\cap$ 的互相调换。所以这里用

A 的补集替换 A 来思考，一切也都是成立的。根据德・摩根定理，cap 和 cup 可以互相调换位置，所有如果 $A \cap (B \cup C) = (A \cap B) \cup (A \cap C)$，那么 $A \cup (B \cap C) = (A \cup B) \cap (A \cup C)$ 当然也成立。这一过程也是可以直接进行证明的，此处我们就省略具体的证明。

根据上面的这些计算，去确认各种各样的情况，这就是集合的运算。为了能让孩子理解这些，需要让孩子不断进行正确求补集、求交集、求并集的练习。

我个人认为，单纯向孩子讲授集合的相关知识，意义不大。只有与逻辑教学相结合，集合才具有实际意义。

3.11 逻辑

逻辑有形式逻辑、辩证逻辑等多种分类。本书要探讨的是最普通的形式逻辑。

逻辑就是将人类某一方面的思维形式化。我们这里要谈的逻辑，并不能完全囊括日常语言表达的所有思考。我们要探讨的形式逻辑是一种非常单纯的东西，只涉及“逻辑”一词所表达含义的极小一部分。讲解形式逻辑需要使用很多符号，所以我们也将其称为“符号逻辑”。符号逻辑无法涵盖日常语言中的所有思考和推论。我希望大家首先能够明确这一点。

3.12 命题

要讨论逻辑就不能不提及命题。命题是指关于“什么怎么样”的表述。“什么”是主语，“怎么样”是谓语。“什么怎么样”由两部分构成，所以“狗”不是命题，“狗在跑”才是命题，当然“在跑”也不是命题。最近在孩子们爱看的漫画里经常出现的“呀——”等词语也都不能算是命题。

简单来说，命题就是主语 + 谓语。在我们写的文章里就有命题。

数学需要符号，所以我们可以用 A 表示“雨在下”，用 B 表示“风在刮”，用 C 表示“雪在下”。命题之间可以用 and 或 or 连接，“昨天雨在下、风在刮”，这种形式也是一个命题。

3.13 真和假

接着，我们需要对命题做出一个非常重要的判断，即判断命题为真或假。这里的前提是只存在“真”和“假”两种情况，并且可以对命题的真假进行判断。

不过在实际情境中，我们是很难做到这一点的。大多数情况下，我们无法判断那些即将在未来发生的事情的真假。

例如，天气预报也无法断言第二天一定会是什么样的天气。所以用将来时态表达的句子，大多无法判断真假。

像“明天是12月17日”这类命题，虽然说的是在将来发生的事，但却具有确定性，可以依据条件来判断真假。不过这种情况毕竟只是少数，在大部分情况下，将来发生的事都是不确定的。

假定命题一定属于“真”和“假”中的一种，即这个命题要么真、要么假。这就是二值逻辑，因为命题只有“真”和“假”两个值。

A命题是真还是假，就是要看A命题取真值还是取假值。

A命题只有真假两个选项，没有中间值。天气预报中的“预计明天可能有雨”是一种模棱两可的说法，我们无法判断它的真假，这不属于二值逻辑。二值逻辑中的命题必须确定属于真或假中的某一方。对于已经发生的事，我们大多可以判断真假。不过，我们假定在此涉及的所有命题的真假都是未知的。

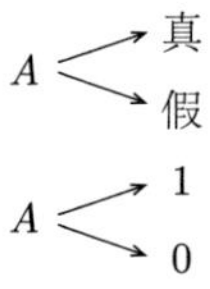

A → 真 / 假

A → 1 / 0

图 3-16

我们可以用符号来表示真假，用1表示真，0表示假（图3-16）。我们假定任何命题在最开始都无法确定是1还是0。

这样一来，我们的立场就是中立的。比如“天下雨了”这一命题，其真假就是未知的，它到底是真还是假，也不属于逻辑学的范畴了。像“太阳从西边升起”这样的命题，真假也是未知的，验证和判断要交给专业人士。

3.14 否定

接下来是命题 A 的否命题，即 not A。假设 A 是“刮风”，那么否命题 not A 就是“不刮风”，可用 $\overline{A}$ 表示。

否命题可用 $\overline{A}$、A'、$\neg A$、$\sim A$ 等多种符号表示。其中 $\overline{A}$ 是最基础的、面向孩子的符号，A'、$\neg A$ 和 $\sim A$ 等都是面向成年人或数学研究者的符号。

对命题 A 进行两次否定即可得到原命题。

$$\overline{\overline{A}} = A$$

“不是不下雨”就是“下雨”，双重否定表示肯定。

3.15 联言

命题有无数种，在命题之间加入类似于加减乘除的运算，就可以把逻辑变为计算的对象。与代数计算相同，将命题通过计算来组合，就可以进行逻辑推理。这种思考方法是由莱布尼茨创立的。

这和集合计算的运算规律十分相似，最先产生这个想法的也是莱布尼茨。命题可以使用 and、or、not 这三种计算规则，两个命题可以用 and 或 or 连接，而一个命题的否命题则可以用 not 来建立。

这三种计算规则中，and 和 or 是接续词，not 是副词。用这三种计算规则将命题组合，进行非常复杂的逻辑推理。这里又出现了一个逻辑语言与普通语言的不同之处，即逻辑语言中的接续词只有 and 和 or。

普通语言中的接续词显然不止这两个。例如，but 就是一个接续词，但它却不能被应用于符号逻辑中。but 和 and 的语义当然不同。“刮风又下雨”和“虽然刮风了但也下雨了”，这两句话的意思完全不同，然而符号逻辑是无法对这种语义差异进行区分的。也许事实上确实是 and，但说话者想表达的意思却并非如此。

例如，“起风了很暖和”和“虽然起风了但很暖和”的意思就不同。一般情况下，起风了就会变冷，但后者的结果与一般情况相反，所以用了 but。

符号逻辑无法体现日常语言中的所有思维。不过，符号逻辑的这种纯粹性，在其适用的情况中则会发挥出巨大的威力。

在不使用符号的算术阶段，龟鹤算问题（鸡兔同笼问题）是非常难的，但借用符号列出方程的话，这类问题就简单多了。通过使用符号，我们能将头脑中的思考客观地投影到纸上。我们看到自己脑子里的想法，自然就能比较容易地得出答案了。符号逻辑中的符号，也具有同样的威力。

将两个命题用 and 连接，如“既刮风又下雨”，可以如下表示。

$$A \wedge B$$

集合中使用圆润的符号 $\cap$，逻辑学中使用有棱角的 $\wedge$。欧洲人又将 $\cap$ 称为 cap，而 $\wedge$ 看上去就像日本的竹斗笠，这两个符号都是“帽子”。$\wedge$ 即为 and。

or 则是 $\vee$。A or B，“下雨，或者刮风”，用符号可如下表示。

$$A \vee B$$

符号逻辑中的 and、or 和 not 这三种计算规则，与集合中的 $\cap$、$\cup$ 和补集非常类似，所以有人也把 $\wedge$ 和 $\cap$ 看成一回事。不过在逻辑学中还是要用 $\wedge$ 和 $\vee$ 这两个符号。

首先，A and A 即为 A。

$$A \wedge A = A$$

重复同一件事表示强调。不过，再怎么强调，事情本身也不会发生改变。

3.16 真值表

为了验证由 $\wedge$、$\vee$ 和一等符号带来的结果，我们可以制作一张真值表。

表 3-1 not

A	$\overline{A}$
1	0
0	1

不盲目确信某个命题，面对任何命题都从真假两方面思考，这样做有助于培养孩子的批判性思维。不盲目确信，保持独立思考与判断，在任何情况下，

我们都应该保持这种立场。

用 1 表示 A 为真，则其否定 $\overline{A}$ 即为假。若 A 为假，则其否定 $\overline{A}$ 即为真。因此，1 和 0 是相互转换的。表示出这两层关系的就是 not 的真值表。

那么 and 的情况又如何呢？我们可将其细分为四种情况。A 真 B 真则 $A \wedge B$ 为真。例如，“下雨了”和“刮风了”这两个命题都为真，那么“下雨且刮风了”就为真命题。若 A 为假，即“没下雨”，而 B 为真命题“刮风了”，则 $A \wedge B$ 为假。只有两方都为真时 $A \wedge B$ 才为真，所以 A 真 B 假时 $A \wedge B$ 为假。若两方都为假，则 $A \wedge B$ 必然为假命题。四种情况下 $A \wedge B$ 的取值如表 3-2 所示。

表 3-2　and

A	B	$A \wedge B$
1	1	1
0	1	0
1	0	0
0	0	0

我们仔细观察 and 的真值表会发现，如果把命题以代数计算 $x \times y$ 的形式来处理，就会发现真值表的结果与乘法运算的结果完全相同。在乘法中，$1 \times 1 = 1$，$0 \times 1 = 0$，$1 \times 0 = 0$，$0 \times 0 = 0$。

再来看 or 的情况。or 连接的一方为真，整体即为真。两方都为真，则 $A \vee B$ 必然为真。若 A 假 B 真，则 $A \vee B$ 也为真。只有两方都是假命题时，$A \vee B$ 才为假。or 的真值表看起来就像是在做命题间的加法运算。

表 3-3　or

A	B	$A \vee B$
1	1	1
0	1	1
1	0	1
0	0	0

值得注意的是，真值表中 $0+0=0$，$1+0=1$，$0+1=1$ 都成立，但 $1+1$ 的结果是 1 而不是 2，这是因为在判断真假时不会出现 2。

所以，简单地将 or 的真值表看成 $A+B$ 的加法运算是无法得出 $A\vee B$ 的结果的。其实，只有在计算了 $A+B-A\times B$ 之后才能得出 $A\vee B$ 的结果。

将 $A=1$，$B=1$ 代入 $A+B-A\times B$ 即可得 $1+1-1\times 1=1$，此时 $A\vee B$ 为 1。将 $A=0$，$B=0$ 代入 $A+B-A\times B$ 可得 $0+0-0\times 0=0$，将 $A=0$，$B=1$ 代入 $A+B-A\times B$ 则可得 $0+1-0\times 1=1$。这样来计算，$A\vee B$ 的结果都与真值表中的数据相吻合。

综上所述，and 与乘法运算相同，or 还需进行加法、减法、乘法的组合运算。

3.17 0 和 1 的计算

这样看来，把命题为真记为 1，命题为假记为 0 是一种非常巧妙的方法。这和普通的代数计算十分相似。这种方法可以反映出一个命题的“真实性含量”。

命题为真记为 1，命题为假则可被理解成没有一点真实性，所以真实性含量为 0。

这样一来，我们之前学习的普通代数，就可以派上用场了。

于是，我们运用已有知识能总结出一个和德・摩根定理在形式上完全一致的定理，它也属于德・摩根定理——否定 A and B 即否定 A 或否定 B。

$$\overline{A \wedge B} = \overline{A} \vee \overline{B}$$

如果把这些命题看作集合，考虑集合的交集的话，在形式上就完全一致了。

$$\overline{A \vee B} = \overline{A} \wedge \overline{B}$$

以上定理也是德·摩根定理的一部分，在逻辑学中非常重要。

用文字表述 $\overline{A \wedge B} = \overline{A} \vee \overline{B}$ 就是否定“既下雨又刮风”这个命题，表示两方之中必有一方为假，要么是 $\overline{A}$，要么是 $\overline{B}$。

$\overline{A \vee B} = \overline{A} \wedge \overline{B}$ 就是“既不下雨也不刮风”，一个都没发生，即为 and。

3.18　公路网

再举一个更形象的例子——公路网。现实生活中的公路网都是由多条公路交错而成的，在这里我们先假设只有一条公路。这条公路上的某一处与另一条公路相交，那么在相交处必定会设置信号灯。我们将绿灯看作真（1），即可以通行，将红灯看作假（0）。

那么这条公路就有绿灯行和红灯停这两种状态，符合二值逻辑中的二值。当然，我们要首先假设这个信号灯只有红灯和绿灯而没有黄灯。

公路 A 有通行和等待两种情况。将与公路 A 相交的路记为 $\overline{A}$，那么公路 A 可通行时公路 $\overline{A}$ 为等待，公路 A 为等待时公路 $\overline{A}$ 可通行。$\overline{A}$ 是 A 的否定，所以 A 和 $\overline{A}$ 的关系如图 3-17 所示。一方为真，则另一方为假，反过来也成立。所以真、假和红灯停、绿灯行的道理相同。

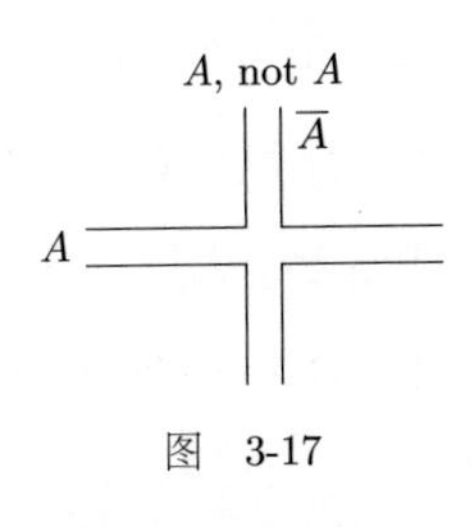

图 3-17

那么又该如何解释公路网中的 or 和 and 呢？如图 3-18 所示，我们可以用 A、B 两条并列的公路表示 A or B，即 $A \vee B$ 的情况。如果有一条路正在施工，那么就可以走另一条。也可将其看成两条铁路，一条是东海道本线，一条是中央本线。虽然运行速度有所差别，但两条铁路都能通行。如果一条铁路发生了交通事故不能通行，我们还能走另一条路。这就是 or。

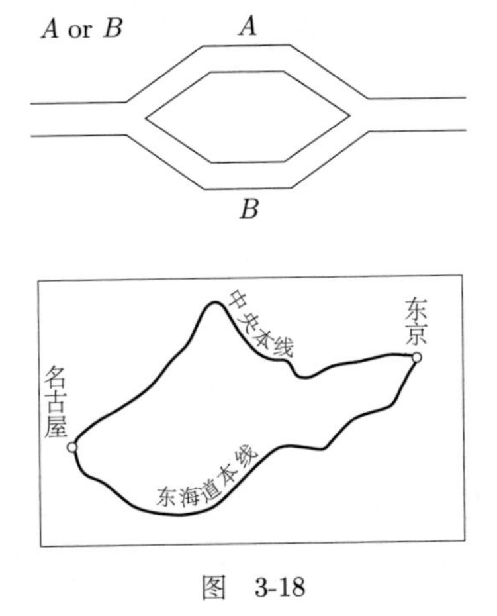

图 3-18

and 则是将 A、B 两条路连成一条，就像连在一起的东海道本线和山阳本线。从东京到下关要依次经过东海道本线和山阳本线，所以只有当两条路都能通行时整体才能通行。一旦任何一条线路发生事故，整条铁路都将无法通行。这就是命题中的 and，即 $A \wedge B$。只有双方都为真，$A \wedge B$ 才能为真（图 3-19）。

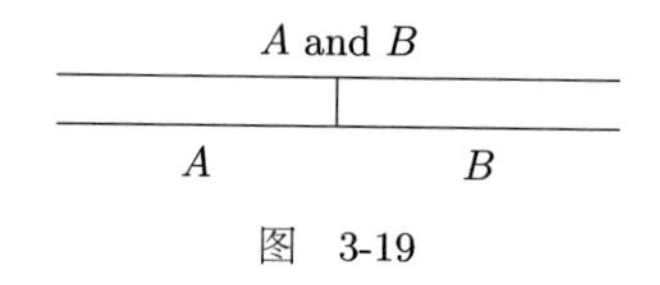

图　3-19

再从德·摩根定理的角度来看这个例子。将分别和 A、B 相交的两条公路记为 $\overline{A}$、$\overline{B}$。A、B 两条公路并列就是 $A \vee B$，连成一条就是 $A \wedge B$。将纵向公路 $\overline{A}$、$\overline{B}$ 连起来就是 $\overline{A} \wedge \overline{B}$。

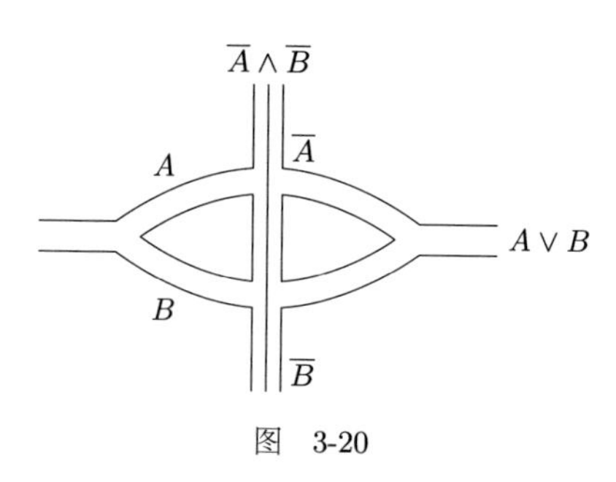

图　3-20

那么，图 3-20 中平行的横向公路和并排连接在一起的纵向公路之间又具有怎样的关系呢？当横向公路可以通行时纵向公路无法通行，当横向公路无法通行时纵向公路可通行，所以横向公路和纵向公路互为否定关系。A or B 的否定等于 $\overline{A}$ and $\overline{B}$，即可以用式子如下表示。

$$\overline{A \vee B} = \overline{A} \wedge \overline{B}$$

这样一来，我们就用公路网呈现了德・摩根定理。

公路网也可以替换成铁路网。比如，在很多条铁道交叉的地方通常都会设置道口，道口只在所有线路都没有火车通过时才会打开。哪怕只有一条线路有火车经过，道口都不会打开。我们在上面的例子里只假设有两条铁路，但其实有三条也好四条也罢，不论有多少条铁路都可以用来呈现德・摩根定理。

在我们的实际生活中，其实还有很多地方蕴含了公路网、铁路网的这种规则。德・摩根定理只不过是通过符号逻辑，将日常生活中的这种规则符号化了。

德・摩根定理是非常重要的定理，我希望大家能在充分理解的基础上去使用。而且该定理不仅适用于 A、B 两个命题的情况，在有三个甚至更多命题的情况下也同样适用。不论是两条铁道还是三条、四条铁道，在火车通过道口时的思考过程都是相同的。三个命题的情况无非就是 $\overline{A \vee B \vee C} = \overline{A} \wedge \overline{B} \wedge \overline{C}$。

下一步可将道口看作 A、B，将交叉的铁道看成 $\overline{A}$、$\overline{B}$。将 A、B 连在一起，也就是在 A and B 的情况下，行人可以通过道口，但火车不能。A and B 的否定即为 $\overline{A \vee B}$，也就是当路闸落下时火车可以通过，所以是 $\overline{A}$ or $\overline{B}$，可以用式子如下表示。

$$\overline{A \wedge B} = \overline{A} \vee \overline{B}$$

有三条铁道时就是

$$\overline{A \wedge B \wedge C} = \overline{A} \vee \overline{B} \vee \overline{C}$$

德·摩根定理虽然只涉及两个命题，但在命题有两个以上时也成立。此外，$\overline{A \wedge B \wedge C} = \overline{A} \vee \overline{B} \vee \overline{C}$ 表示，全面否定 A、B、C 等同于分别否定 A、B、C 后再将其用 or 连接起来。

在有多个命题的情况下，可统一将其编号为 $A_1, A_2, \cdots, A_n$。

$$\overline{A_1 \wedge A_2 \wedge \cdots \wedge A_n} = \overline{A_1} \vee \overline{A_2} \vee \cdots \vee \overline{A_n}$$

3.19 all 和 some

接下来，我们要尝试将命题和集合联系起来。将由班级内所有学生组成的集合记为 E。假设一个班共有 40 人，按照 $1, 2, 3, \cdots$ 的顺序给每名学生编号，如 1 号学生、2 号学生等。命题 A_1 是“1 号学生到校”，A_2 是“2 号学生到校”…… A_{40} 是“40 号学生到校”，共有 40 个命题。

此时 $A_1 \wedge A_2 \wedge \cdots \wedge A_{40}$ 就是“1 号学生到校且 2 号学生到校…… 且 40 号学生到校”。如果要换一种说法，那么我们在写作文时经常用到的“而且、而且”就可以用“全部”代替——“全部学生到校”。这个命题的否定命题可以用符号如下表示。

$$\overline{A_1 \wedge A_2 \wedge \cdots \wedge A_{40}} = \overline{A_1} \vee \overline{A_2} \vee \cdots \vee \overline{A_{40}}$$

即“并非所有学生都到校了”。等式右边的 $\overline{A_1} \vee \overline{A_2} \vee \cdots \vee \overline{A_{40}}$ 表示“1 号学生没到校或 2 号学生没到校……或 40 号学生没到校”。因为用 or 连接，所以表示班级里“某个学生没到校”。

$A_1 \wedge A_2 \wedge \cdots \wedge A_{40}$ 相当于英语里的 all，代表“所有学生都已到校”。$\overline{A_1 \wedge A_2 \wedge \cdots \wedge A_{40}}$ 不是 all，而是 not all，即“并非所有学生都到校了”。

$A_1 \vee A_2 \vee \cdots \vee A_{40}$ 是 some，表示“有的学生到校了”。$\overline{A_1} \vee \overline{A_2} \vee \cdots \vee \overline{A_{40}}$ 就是“有的学生没到校”，即 some not。“并非所有学生都到校了” = “有的学生没到校”。

not all=some not

只要不是全部到校，就说明有人没到校。

“并非所有学生都到校了”表示至少有 1 人没到校。此处的“到校”也可换成“吃午饭”，那么命题 A_1 就变成 “1 号学生吃了午饭”，依此类推。如果并非所有人都吃了午饭，那就说明肯定有人没吃午饭。

all、some、not 及三者的组合关系，一旦结合实际问题就会非常容易让人混淆。

3.20 否定的模糊性

上述的这种规则，在数学证明中会经常用到，有不少孩子正是因为不理解这种规则，从而导致无法理解数学证明的方法。日语中的否定尤其模糊，读者经常不知道文章中的否定究竟否定的是哪部分内容。

例如我们经常会听到这句话——“$2x$ 和 x^2 不是在所有情况下都相等”，这里的否定表示 not all，只需一个例子就可以来验证这句话的正确性。假设 $x=1$，此时等式两边的结论就不相同，因为 $2x$ 为 2，x^2 为 1。要否定全部只需举出一个反例即可，所以否定“全部”命题很简单。只要时刻谨记这一逻辑就能理解很多数学证明的过程。在任何场合遇到言之凿凿的人，我们只需举出一个反例就能反驳对方。否定绝对化的命题并非难事。

难的是当存在多个命题时，否定其中某一个命题，因为我们必须要证明在所有的情况下这个命题都不成立。在初中、高中阶段，学生若能熟练运用上述规则，在逻辑上已经不会有什么问题了。而且通过将命题符号化，也会使过程变得简单易懂。

下面我们来看一看集合和逻辑的关系。一般情况下，每个命题都会被看作一个不可分割的单位，但下面我们却要将命题中的主语和谓语拆分开。大家还记得前文中 $\{x|x$ 是日本人$\}$ 的例子吗？翻译成英语就是 all persons,who are Japanese。

这是一种使用关系代词进行定义的方法。竖线前的 x 相当于

all person，竖线后的 x 相当于 who, 竖线则相当于逗号。“x” 是主语，“是日本人” 是谓语，用符号可以如下表示。

$$\frac{x}{\text{主语}}\ \frac{\text{是日本人}}{\text{谓语}}$$

$$\frac{(\ )\text{是日本人}}{\text{记为 } P} = P(\ )$$

空括号中填入 x。

将 “( ) 是日本人” 记为 P。无论一句话有多复杂，我们都可以将其记为 P。这里的主语是空的 ( )，在 ( ) 中填入 x 即可得 $P(x)$, 这里的 x，只要是日本人就都可代入进去。

不管 x 是自己还是自己的朋友，只要是日本人，那么该命题就为真。x 处所填内容决定了该命题的真假。如此一来，这个集合的定义就是，所有可使该命题为真的 x，即

$$\{x|x\text{ 是日本人 }\}=\{x|P(x)\}$$

P 代表“( ) 是日本人”。习惯使用关系代词的欧洲人，对这种表达方式习以为常，英语中的 such that、such as 等都属于这类表达。$\{x|P(x)\}$ 为 “所有是日本人的人” 的集合，$P(x)$ 是命题。

3.21 谓语和集合

下面我们再来看一看谓语和集合的关系。谓语表示一个条件，这个条件和所有符合该条件的事物就构成了集合。因此我们可以说，集合就是由谓语构成的。E代表由全班学生组成的集合，在此设定“( ) 是男生”为一个命题，那么“$P(\,)$: ( ) 是男生”就代表全体男生，也就是 E 的子集。再设定另一个谓语——“( ) 是女生”，所以“$Q(\,)$: ( ) 是女生”这一命题就代表全体女生。谓语 P 衍生出全体男生的集合，谓语 Q 衍生出全体女生的集合。

再将这两个集合放到全集 E 中来。$\{x|\overline{P}(x)\}$ 表示该集合中的 x 不是男生，这是由谓语衍生出的另外一个集合，相当于“全体男生”这一集合的补集。

$$\{x|\overline{P}(x)\} = \overline{\{x|P(x)\}}$$

等号左边的横线代表对命题的否定，右边的横线代表补集。

那么，$\{x|P(x) \wedge Q(x)\} = \{x|P(x)\} \cap \{x|Q(x)\}$ 代表什么呢?

假设命题 P 是“( ) 是男生”，命题 Q 是“( ) 今天请假”，则 $\{x|P(x) \wedge Q(x)\}$ 是所有请假的男生的集合，$\{x|P(x)\} \cap \{x|Q(x)\}$ 代表“男生”和“请假”的重合部分，二者所指一致。

接着来看

$$\{x|P(x) \vee Q(x)\} = \{x|P(x)\} \cup \{x|Q(x)\}$$

该集合中的任意一个元素满足“男生”或“请假”中的一个条件即可，也就是“男生”和“请假”的并集。

等式右边是集合运算，左边是命题运算。not 对应补集，and 对应交集，or 对应并集。论证过程和集合的规则一一对应。

等式左边是命题，有否定、and 和 or。虽然我们的大脑里进行的是左边的推论，但换成右边的集合显然更容易理解，所有满足命题条件的元素能组成一个集合。

符号的作用不容小觑。

3.22 直积

集合中还有直积这种东西。日本人在刚学识字时都要先学五十音图，五十音图有サ行、タ行和ナ行等（图 3-21）。我们可以分别将五十音图中的辅音和元音看成集合 $A=\{\mathrm{k},\mathrm{s},\mathrm{t},\mathrm{n}\}$ 和集合 $B=\{\mathrm{a},\mathrm{i},\mathrm{u},\mathrm{e},\mathrm{o}\}$ 中的元素，辅音分别与 a、i、u、e、o 搭配，两个集合的元素组合后形成了サ行、タ行、ナ行等五十音图中所有假名的发音。

カ	サ	タ	ナ
ka	sa	ta	na
ki	si	ti	ni
ku	su	tu	nu
ke	se	te	ne
ko	so	to	no

图 3-21

就像这样，集合 A、B 的元素的组合就叫作直积，可用符号记作 $A \times B$。

这种思考方式，其实在现实生活中随处可见。例如，日本表示门牌号的几丁目、几番地等就是直积。1 丁目到 3 丁目可记为集

合 $\{1,2,3\}$，1 番地到 100 番地可记作集合 $\{1,2,\cdots,100\}$。两个集合中的元素可以自由组合，如 1 丁目 5 番地、2 丁目 1 番地等。

区号和电话号码是直积，姓和名也是直积。同样的内容在不同的组合里可被多次反复使用。例如，山田、田中、中村这三个姓和太郎、二郎、三郎、四郎、五郎这五个名能自由组合出山田太郎、山田二郎等姓名。这种日常生活中的组合搭配反映到集合的世界里就是直积。

用横行和竖列的方式表示直积最为清晰明了，所以五十音图被分为行和列。数学里将这种方式称为矩阵。从两个集合中分别任意选取一个元素，将这两个元素组成有序对。乘法能算出两个集合中的元素共能组成多少个有序对。

平面解析几何中使用的坐标也和直积的思路相同。用横坐标和纵坐标表示平面上的点，其实就是将横向直线和纵向直线组合起来。坐标系中的点就是两条直线的直积。

汉字可以依据偏和旁进行分类，一类是偏的集合，一类是旁的集合，两者组合能构成汉字。虽然汉字的字形并不是百分之百的直积，但这个例子有助于孩子更好地理解直积。上文说到的矩阵，还会在后面涉及函数的章节中登场。

3.23 概率

数学被认为是一门追求精确性的学问。大众普遍认为数学中不存在不精确或不确定的部分，所以数学经常被看作一门因为过于精确而枯燥无趣的学问。“现实中不存在数学中的那些情况”，这句话也是同样的意思。这种看法，在某种程度上也是正确的。

但是，把数学看作是精确无比的学问，并不能说是完全正确的。这是因为数学中还存在一种理论可以去把握不确定的事情，并从中得出大致的结论，这种理论就是概率。

我们在前文中提到命题有真假之分，但发生在现实世界中的事却很难被简单地判定为真或假。

例如，我们无法判断“明天下雨”这个命题的真假，因为在现在的时间点上我们难以，或者说不可能判断和预测在将来发生的命题到底是真还是假。

不过，如果因为不可能就放弃对某个问题的研究，那么科学就永远无法获得进步。

我们虽然不能判断严格意义上的真假，但却可以换个角度看问题。

根据最近的天气变化和往年的天气数据推断“可能下雨”，进而得出“明天下雨”这个命题。更精确一点的话，我们甚至可以说七成有雨，那么“明天下雨”的概率就是 0.7。概率 0.7 就是该命题或该命题中事实的真值，通俗点说就是“真实性含量”。二值逻辑认为真值只有 1 和 0，但从概率的角度看，1 和 0 之间有无数个真值。

例如掷骰子时，命题“掷到 1”的概率或真实性含量为 $\frac{1}{6}$。

扔硬币时，命题“硬币为正面”的概率是 $\frac{1}{2}$。

再比如，我们站在马路上观察过往车辆的车牌号，车牌号最后一位数为 8 的概率是多少呢？——接近 $\frac{1}{10}$。那么我们就可以说，“最后一位数是 8”的概率是 $\frac{1}{10}$ 或接近 $\frac{1}{10}$。

就像这样，在预测将来或因素非常多而无法得出精确的答案时，就轮到概率发挥威力了。

第4章　空间与图形

4.1 古典几何学

本章的标题是“空间与图形”，我想先说明一下此处“空间”的意思。我们存在的空间当然是一种空间，不过，平面也是一种空间，它是在横、纵两个方向上延展出的空间，也就是二维空间。而我们生活的空间则是在横、纵、竖三个方向上延展的三维空间。

在正式开始学习几何学之前，我们可以先把空间想象成容纳图形的容器，或者是可以让其中的图形自由移动、做各种事情的广场。图形是进入到空间中的某种“形状”。

如此一来，我们就要将空间与图形加以区别，虽然也可以说空间是一种图形，但二者在性质上还是不同的。

研究空间和图形的学问就是几何学。日本的学生要到初中、高中阶段才会正式学习几何，而几何在小学数学中所占比重远没有数和量的比重大，小学阶段这些为数不多的几何知识是今后学习几何的基础，需要扎实学习。不过，对于小学阶段的空间与图形应该教哪些内容，日本的小学数学教育完全没有搞清楚。

我曾在前言中说过，教学方法具有保守性，传统的教学方法的影响会一直存在，这一点在几何学中体现得尤为明显。几何学中传统的教学方法指的是两千年前的欧几里得几何（简称欧氏几何），也叫古典几何学。现今的几何教学法几乎完全沿袭了欧氏几何的方法，很难改变。

欧氏几何有以下三个特点：

（1）无测量。

（2）三角形分割法。

（3）使用直尺和圆规。

如何解释这三个特点呢？测量是指在形容一条线时，不去使用“这么长、那么长”等模糊的表达，而用2厘米、3厘米等具体数值来表达。形容角度时也同样要用20度、30度等具体数值。但在欧氏几何中是没有测量的。

也就是说，在欧几里得的著作——《几何原本》中不曾出现尺子和量角器等测量工具。那里面的“长度”，不是尺子测量的那种具体长度。

学过几何的人应该都能明白这是什么意思，例如在“三角形的两边之和大于第三边”这一定理中，就没有明确指出三角形的边长各为多少厘米。

第二个特点是，所有图形都可被分割成简单的三角形。例如在计算多边形的面积时，我们就可以将多边形分割成多个三角形进行计算。所有形状的图形都能以三角形为基础。

第三个特点指不使用直尺和圆规以外的工具画图。

这种方法在小学阶段实施的难度较大，因为使用圆规时要先用圆规针固定一个中心，再以均等的力度环绕该中心画圆，小学生不容易操作。用直尺画直线，用圆规画圆，直线和圆就成了画图的基础。我个人认为，中学都没有必要去教授这种古典几何学，更不用说小学了。

但我并不是主张要废除小学阶段的几何，而是应该在几何教学中积极引入测量的知识，教会学生用尺子测量线段的长度，用量角器测量角的度数，毕竟现代人无须盲从古希腊人的趣味。此外，我们也不必将三角形视为图形的“原子”，当然画图工具也不必仅限于直尺和圆规。

4.2 方格几何

具体应该如何操作呢？对于小学生来说，最简单的方法就是使用方格纸。小学生用的方格算术本就可以，虽然它原本是用来做算术练习的，但我们不妨用其进行几何学习。

文具店卖的边长为 1 毫米的方格纸太小，5 毫米或 1 厘米的方格纸大小正合适，学生可以在上面绘制各种图形。

通过这种方法，学生能自然而然地明白什么是坐标，用方格纸画图其实就是在接触解析几何。从这一点上看，方格纸可比白纸有用多了。

例如，我们可以先给学生做个示范，在方格纸上画出一个屋子的形状，再让学生画出相同的形状，这就是一道不错的练习题（图 4-1）。

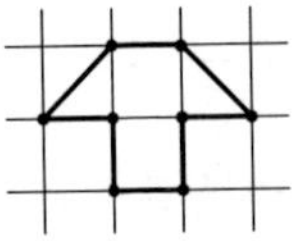

“起点在这里，这里只要画一格……”——学生对照示范图形，在自己的方格纸上边画边思考，在不知不觉中能养成度量长度的习惯，而且

图 4-1

只用数格子的方法就能画出正确的图形。要在白纸上画出同样的图形可就没那么容易了。借助方格纸，学生既能轻松地画出正确的图形，又能练习在二维空间，也就是平面的空间中正确地把握位置。此外，为了能画出示范图形中的长度，在方格纸上画图也能成为一种让学生去度量长度的练习。更重要的是，这种方法难度小，即使是上小学一年级的学生也能轻松掌握。

学生在初级阶段只学会画横线和竖线就已足够，无须学画斜线。方格纸可以帮助学生理解和掌握空间及图形的各种性质。

小学生其实不必过早使用圆规，小学阶段只使用尺子和量角器就足够了。

有人认为在方格纸上只能画表格，殊不知方格纸有助于研究图形和空间的性质，我们还可以在方格纸上画出漂亮的图案。

例如，学生都爱给方格涂色，这可以帮助学生准确地把握位置。横向有几格，纵向有几格，学生们在不知不觉中就理解了坐标。从小学开始接触解析几何也能为今后的学习奠定基础。

理解和掌握坐标，是一件非常重要的事情。过去，日本的学生升入高中才会学习坐标的相关知识，有些学生会对突然出现的坐标不知所措。现在，如果能用这种方法让孩子从小学就开始认识和熟悉坐标的思想方法，我想也会更有利于之后的学习。

坐标是笛卡儿在 300 多年前发明的东西，不过日本的初等教育一直未把坐标列入其中，我想这也是不包含坐标的欧氏古典几何学的影响之故吧。

4.3 几何学与逻辑

由欧几里得开创的古典几何学，在长达 2000 多年的历史中一直被推为数学中的典范，这绝非过誉之词。欧氏几何在少数几个公理、公设、定义的基础上，根据逻辑的规则将其进行组合，进而完成了很多复杂定理的证明。

欧氏几何确实非常伟大，特别是在思考方法和排列方法上，给我们带来了重要的启示。但由于它过于成功，反而给数学教育带来了一些负面影响。

除了具有在本章第一节中提到的三个特点之外，欧氏几何还带来了一个影响，那就是它被当成了数学证明的练习场。也就是通过古典几何学习来学习证明方法，已经成为一种根深蒂固的传统。

逻辑是数学的特征之一。毫不夸张地说，没有逻辑的数学就不能被称为真正的数学。使用逻辑去证明或论证，是数学的重要组成部分。

因此，学生至少应该在初中毕业前就学会什么是证明以及如何证明。

那么数学中哪个领域适合作为证明的练习场呢?

有很多人认为，欧氏几何最适合进行证明练习，而且这种观念在相当长的一段时间内已成为定论，至今仍占据着主流地位。

这种观点形成的原因大致如下。代数、微积分都已经彻底符号化，所以即便不使用日常语言，也能完成证明。

例如，要证明

$$(a+b)^2=a^2+2ab+b^2$$

则只需如下逐步进行就可以了。

$$\begin{aligned}
&(a+b)^2\\
&=(a+b)(a+b)\\
&=(a+b)a+(a+b)b\\
&=(a^2+ba)+(ab+b^2)\\
&=(a^2+ab)+(ab+b^2)\\
&=a^2+(ab+ab)+b^2\\
&=a^2+2ab+b^2
\end{aligned}$$

虽然这是非常流畅的证明，但证明流程中出现的全都是符号，完全没有日常语言。

不过，在古典几何学的证明过程中，我们通常会使用“因此”“所以”“由此可证”等日常语言，这些语言会给人一种确实在证明的真实感。

由此便产生了一种观念，即认为只有古典几何学也就是初等几何学最适合来练习证明，而完全符号化的代数等领域则不适合练习证明。

这一观点明显是有问题的，古典几何学其实不太适合用来练习数学证明。

4.4 公理的复杂性

公理作为数学证明的出发点，应当是尽量纯粹、简单，但古典几何学中作为出发点的公理、公设却并不简单。

希尔伯特在其著作《几何基础》中，研究了古典几何学中作为出发点的公理，单是书中列举出的公理，就足以汇编成一本书了。

让初中生去学习如此复杂的公理几乎是不可能的，就算是高中生和大学生也很难全部理解这些内容。

如此一来，欧式几何的最初的公理体系就变成了不完全的体系。从不完全的公理体系出发的证明，多会遭遇困境，最后只能“蒙混过关”。数学证明的首要条件是严谨，蒙混过关的证明是没有意义的。

4.5 不完全证明

关于这种“蒙混过关”的例子，我们可以来看一下下面这个定理的证明方法。

“两条直线与第三条直线相交，若所形成的内错角相等，则两条直线平行。”

这个定理的证明一般按照以下步骤进行。

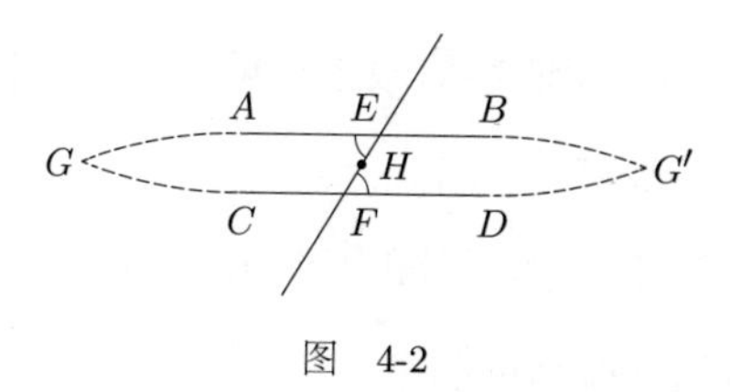

图 4-2

【证明】设两条直线 AB、CD 分别与第三条直线相交于点 E 和点 F，所形成的内错角 $\angle AEF$ 和 $\angle DFE$ 相等，即 $\angle AEF=\angle DFE$。试证明直线 AB 平行于直线 CD。

我们首先假设 AB 和 CD 不平行，则两条直线必然相交于一点，假设为点 G（图 4-2）。以线段 EF 的中点 H 为中心，将三角形 EGF 旋转 180°，此时。因为 $\angle AEF=\angle DFE$，所以 EG 和 FD 会重合，且

$$\begin{cases}\angle BEF = 180° - \angle AEF \\ \angle CFE = 180° - \angle DFE\end{cases}$$

所以 $\angle BEF=\angle CFE$。

可知 FC 与 BE 会重合。

因此，FD 和 BE 也必然相交于一点。记此点为 G'。

由上可知，AB 与 CD 相交于 G、G' 两点。

但是，同时经过两点的直线有且仅有一条，所以 AB 与 CD 是同一条直线，这与题干的条件矛盾。

这一矛盾源于自假定 AB 与 CD 相交于点 G 的假设，所以假设不成立，AB 与 CD 不相交，由此可证明 AB 与 CD 平行。【证明完毕】

以上证明过程看上去十分完美，我在初中时，数学老师也是

这样教给我的。当时我非常信服这一证明过程，自然连做梦也不会想到它存在“蒙混过关”的成分。

直到我学了欧氏几何以外的几何知识后才意识到，上初中时老师教过的证明方法存在漏洞。

漏洞就在于“G、G' 这两个点”。图 4-2 中所示的 G、G' 两点确实在直线 EF 的两侧，所以这两点不可能为同一点。但如果点 G 和 G' 的确为同一点呢？此时直线 AB 和 CD 就可以是两条不同的直线，那么该证明就不成立。

很多人会说，这怎么可能呢？但在几何学中确实存在 G 和 G' 为同一点的情况，这就是非欧几何的一种——黎曼几何。黎曼几何认为，直线无法将平面分成两个部分。

在学习了黎曼几何后，我立刻就意识到了那道欧氏几何中的定理证明中的漏洞。类似的情况在初中、高中时期学习的古典几何学中还有很多。将古典几何学作为数学证明的练习场，将必然遭遇这些矛盾。

4.6 一般与特殊

在思考几何问题的证明方法时，多会把图画出来，一边看图一边思考。

例如，要证明“三角形的内角和等于两个直角”，我们就要先画一个三角形 ABC，再从点 C 画一条与 AB 边平行的直线进行证明（图 4-3）。这条定理适用于所有形状和大小的三角形，但我们在这里画的却是一个特殊的三角形。也就是说，几何求证的方法是用特殊图形证明一般定理。

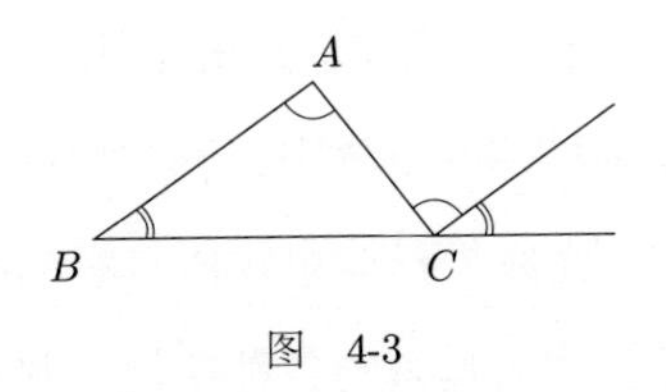

图 4-3

这种做法势必会引发混乱。如果所画三角形的一角刚好是直角，那么这个定理的求证过程就会变得简单很多。这种情况明显混淆了一般与特殊。

在代数中，我们会用 $a, b, \cdots, x, y$ 等字母表示一般的数，所以代数是用一般情况进行证明的，这其实也有问题。

此外，如果一画出图形就能直观地看到结果，那么就没有证明的必要了。

例如，要证明"等腰三角形的两个底角相等"，只要画出一个等腰三角形，就能知道两个底角肯定相等。此时学生心中自然会产生疑问："为什么要证明这么明显的事实呢？"

4.7 归纳和演绎

有人说数学是最抽象的学科。事实的确如此，但我们还需要为这句话添加注脚。

抽象不代表脱离现实。和其他学科一样，数学的出发点也是现实世界。

说直线是没有宽度的笔直的线，这是一种抽象的东西，但这种构想可能来源于拉直的丝线或是光线等现实世界中的事物。

从丝线、光线等具体的事物中，通过抽象构想出直线这一概念，然后再对丝线、光线等具体事物所具有的共同特征进行归拢整理，以此来猜想直线所具有的各种特性，并对其进行证明从而得到普遍规律，这就是归纳。将普遍规律扩展到各种特殊情况中，这就是演绎。

不仅限于数学，对于所有科学研究而言，归纳和演绎像是不可或缺的双腿，支撑着科学的发展。不过，学校的数学教学往往重演绎、轻归纳。

这种情况在几何学教学中更为突出。教师在讲授古典几何学时，大多会将定理和例题一起教给学生，让学生使用定理去证明某题。展示定理是如何诞生的归纳过程则被省略了，学生只能填鸭式地背诵定理。

为了改进这种教学方法，也有教师尝试在运用定理解题之前，让学生先用尺子和量角器通过测量去证明定理的真实性。虽然这是一种有益的尝试，但由于在实际操作过程中存在测量误差，所以证明过程会遇到很多困难。

例如，要证明“三角形的内角和等于两个直角”，可以让学生用量角器测量画在纸上的三角形的内角度数，得出三个内角相加刚好为 180° 的结论。但是，实际操作未必和想象一致，测量误差可能使最后得到的结果是 179° 或者 181°。有的学生因此就会认为三角形的内角和未必就是 180°，也有可能是 179° 或者 181°，这就偏离了这种方法的初衷，甚至带来了完全相反的负面效果。

所以在现实中重现几何的归纳过程，是相当困难的。

综合以上内容来考虑，古典几何似乎确实不适合被用于作为证明的练习。

可以看到，现在的几何学教学有以下两个目标。

（1）探索图形和空间的性质及规律；

（2）进行证明练习。

如今看来，这种教学的结果就是“逐二兔者，不得其一”。

我个人认为，几何教学的目标应该舍弃（2）而只定为（1）比较好。那么该由数学的哪个领域承担起练习证明的重任呢？我认为当推初等数论。

另外，如果只将（1）定为几何教学的目标，那么几何的教学内容和方法都必须进行大幅变革。

4.8 折线几何

欧氏几何的第二个特点是能将所有图形都分割成三角形，再利用三角形的性质去推导出其他复杂图形的性质。这种方法的出发点，是全等三角形判定定理。

全等三角形判定定理指的是，已知三角形的三个角和三条边中的任意三个量（其中至少有一个量为边），就能得出三角形整体的情况。

例如，两边夹角全等定理就是已知三角形两边长和一夹角，能算出剩下一边长和另两个角。

不过，三角形的三条边和三个角并不是孤立的、可以被任意选用的量，它们之间通过复杂的关系而相互联系（图 4-4）。能反映这六个量之间复杂关系的，正是正弦定理和余弦定理，也就是三角函数这种高级函数。初次接触的孩子，理解起来可能会觉得很困难。

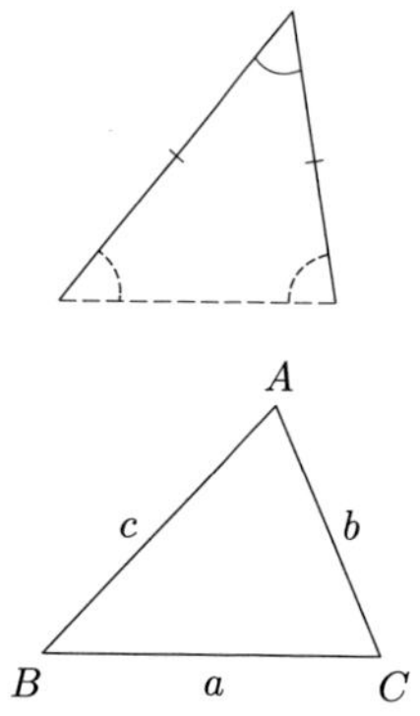

图 4-4

$$a = \sqrt{b^2 + c^2 - 2bc\cos A}$$

$$\cdots\cdots$$

$$\frac{a}{\sin A} = \frac{b}{\sin B} = \frac{c}{\sin C}$$

之所以会存在这样的困难，是因为把三角形看作“封闭图形”的思考方法。

若去掉三角形的一边，把三角形看作一个敞开的折线 BAC，困难就迎刃而解了。决定折线性质的是 b、c 两边及角 A。未知的第三边 a 和角 B、C 在图中不可见，它们只有在连接起 B、C 两点后才会出现（图 4-5）。

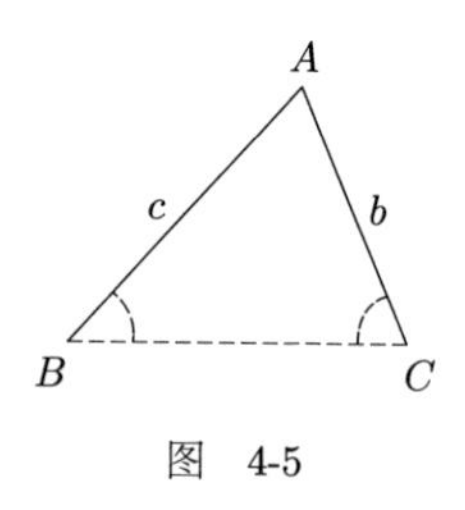

图 4-5

若用封闭的三角形讲解两边一夹角定理，学生会很容易忘记 a、B、C 这三个量是未知的，而且容易将它们和已知的 b、c、A 混淆。

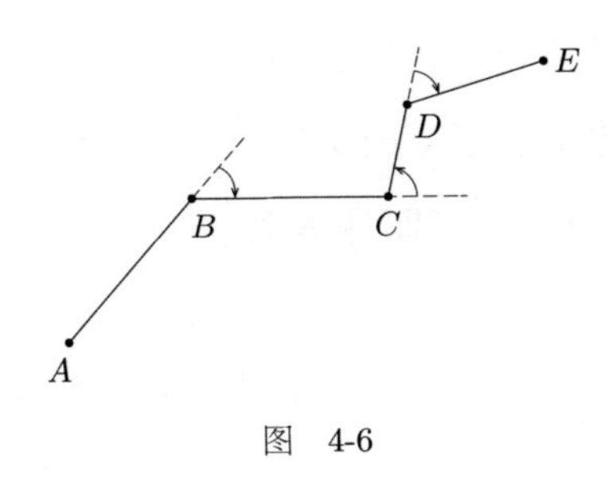

图 4-6

因此，用敞开的折线图形比用封闭的三角形更易于讲解该定理。

折线的边，也不必一定要是两条边。折线是现实生活中经常能遇到东西，我们可以把折线想象成人的行走路线。

从 A 点沿直线走到 B 点。

在 B 点以某个角度转换方向。

从 B 点沿直线走到 C 点。

在 C 点以某个角度转换方向。

从 C 点沿直线走到 D 点。

……

像这样，我们也能确定出一条折线（图 4-6）。也就是说，我们可以把折线看作是“直行”和“转弯”交替存在的一条道路。

所以，我们只要知道直行的距离和转弯的角度，就能完全确定这条折线了。

例如，已知“2 厘米——向右 30°——3 厘米——向左 40°——5 厘米”，我们只要逐一对应边和角，就能画出相应的折线了（图 4-7）。使用尺子和量角器可以轻而易举地画出这种图形。

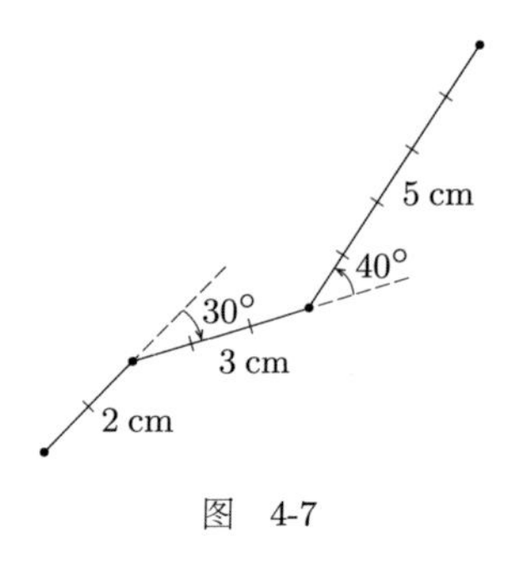

图 4-7

反过来，如果已知一条折线，那么它的“边——角——边——角——边——……”这种长度与角度之间的关联也是确定的。

对于具体的边长和角度我们可自行规定，这里我们不需要用直尺和圆规，只用尺子和量角器就能作图。

就像这样，用折线代替三角形来作为出发点，在理解三角形的三条边和三个角的关系上会更容易一些。

4.9 投影图

只在横、纵两个方向上延展的二维平面，相对而言比较容易思考，而且我们可以直接在纸上画图，所以练习也非常方便。不过，在横、纵、竖三个方向上延展的三维空间就不是那么容易思考了，在脑海里想象三维空间是需要具备一定空间想象力的。

三维空间正是我们进行日常生活与学习的空间，所以我们必须了解其性质。在研究三维空间时遇到的第一个困难就是，我们无法原封不动地在纸上画出三维空间。

不过，确实有一种方法可以在纸上描绘出三维空间，这就是投影法。这种方法是法国数学家蒙日在 18 世纪末发明的。

绘制投影图，要先在三维空间中设立一个水平放置的平面（俯视图）和一个垂直放置的平面（正视图）。

由三维空间内的一点 P 分别作两个平面的垂线 Pp、Pp'，垂线与平面的交点为 p、p'（图 4-8）。接着将俯视图和正视图中的任意一方翻转 90°，使其与另一平面位于在同一平面上。由两个平面相交而成的直线叫作基线。

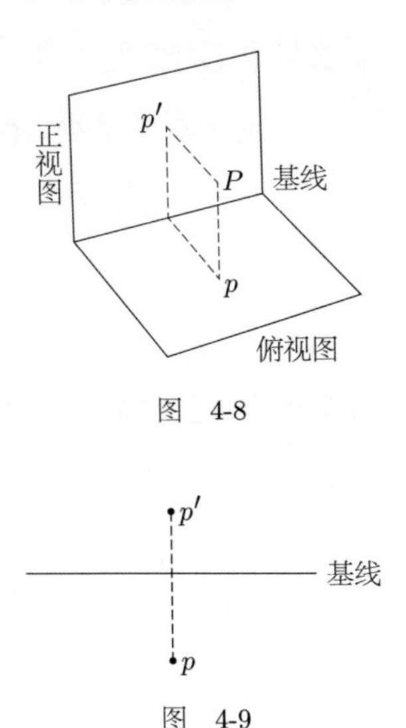

图　4-8

图　4-9

连接 p 和 p' 的直线垂直于基线。

这样一来，三维空间中的任意一点 P 就能由基线及 p、p' 两点表示了（图 4-9）。

就像这样，我们就能把三维空间中的直线和平面，甚至是曲线和曲面，在一个二维平面中表示出来（图 4-10）。

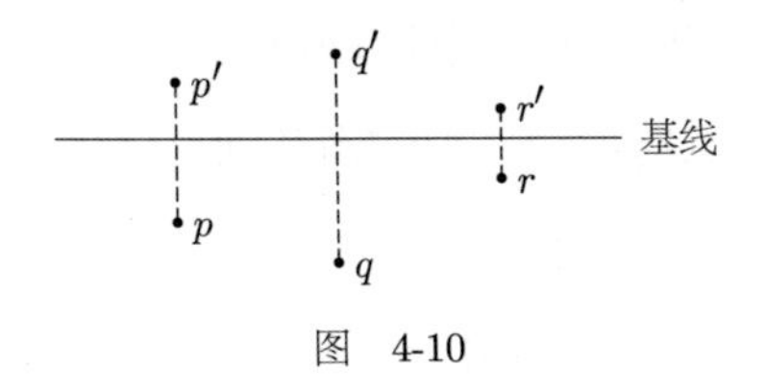

图　4-10

将三维空间中的点 P 用 p、p' 来表示的方法是分析的方法，由 p、p' 两点来了解 P 的方法是综合的方法，这是一个解释“分析和综合”的好例子。此外，通过绘制和观察投影图，可以训练大脑去想象三维空间中的位置和形状。

从这个意义上看，投影图是学习三维空间的有力帮手，可惜它在如今的学校教学中没有得到应有的重视。

在传统观念中，投影图不属于数学教学的对象，它通常被归类到技术学科中。学校缺少对投影图的系统教学，而且往往会把教学重点放到如何把图画得漂亮上。总之，投影图处于数学和技术学科的夹缝之中，得不到充分的关注和研究。

我们应该抛弃成见，将投影图的相关知识积极地引入学校的数学教学中来。

4.10 球面几何学

我们生活在地球上，地球的形状则近似于球体。在这个意义上，我们有必要去研究一下球体，特别是球面的几何性质。

球面是三维空间中与一个定点 O 的距离相等的所有点的集合。在球面几何学中，最重要的知识点就是找出球面上某两点间的最短连线（图 4-11）。

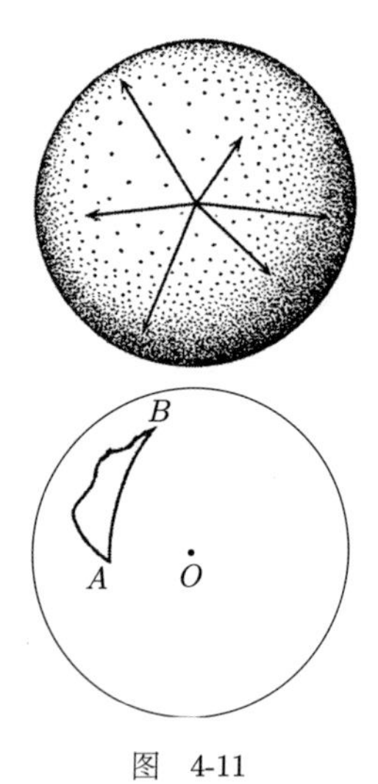

图 4-11

这里我们直接先说一下结论。通过球面上任意两点 A、B 和球心 O 的平面，与球面相交所得的交线是一个圆，称为大圆。大圆是球面上最大的圆。而大圆上 A、B 两点之间的不大于半圆的弧，就是这两点间的最短连线。

比如，在地球上飞机从 A 地飞往 B 地时，就会沿着 A、B 两地之间的大圆的弧，也就是两地之间的最短距离飞行。

这一结论的证明过程如下。

设球面上连接 A 点和 B 点的曲线为 ACB。依次用直线连接曲线 ACB 上的各点和球心 O，即可得到图 4-12 的图 (a) 中像一把半开的扇子的图形。虽然在图 (a) 中 OC 看起来比 OA 长，但因为曲线 ACB 位于球面上且 O 为球心，所以 OA、OC、OB 都是球体的半径，它们的长度都相等。

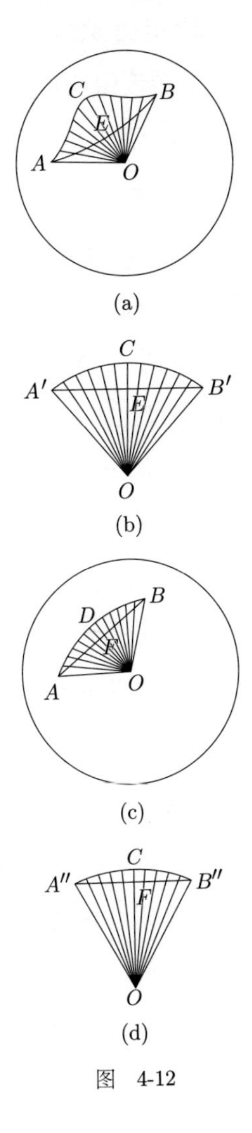

图 4-12

将图 (a) 中的图形展开即可得到图 (b) 中的扇形。此扇形上的 A' 点对应图 (a) 中的 A 点、B' 点对应图 (a) 中的 B 点。连接 A' 和 B' 两点的直线为 $A'EB'$。将直线 $A'EB'$ 放回图 (a)，并将 A' 点与 A 点重合，B' 点与 B 点重合，那么直线 $A'EB'$ 就成了

连接 A、B 两点的曲线 AEB。(不过这条曲线和球面无关，只是一条弯曲的线。就像用双手夹着一根笔直的铜丝那样，当双手相互靠近时铜丝就会弯曲。)

假设图 (c) 中的 ADB 为大圆上的弧，那么连接球心 O 和弧 ADB 上的各点就能得到图 (d) 中的扇形。

即便是在三维空间中，两点之间的最短连线依然是直线，所以连接 A 点和 B 点的直线段 AFB 要比连接两点的曲线段 AEB 短。

三角形 $A'OB'$ 和三角形 $A''OB''$ 的两条边的长度相同，底边 $A''B''$ 比 $A'B'$ 短，由此可知 $\angle A''OB''$ 比 $\angle A'OB'$ 小，所以弧 $A''DB''$ 也比弧 $A'CB'$ 短。

我们由此证明了球面上两点间的最短连线是大圆上的劣弧。

在平面上两点之间的最短连线是直线段，而在球面上相当于直线的，正是球面上两点之间最短连线，也就是通过两点的大圆的劣弧。

用大圆的弧去代替直线的角色，这是球面几何学的基础。

球面上用大圆的弧取代了直线的角色。这样的话，由三条大圆的弧围成的图形就是球面上的三角形了，我们将其称为“球面三角形”(图 4-13)。那球面三角形的内角和是多少呢？当然，大圆的弧所形成的内角，是指通过球面三角形的顶点的两条大圆的弧所形成的夹角。

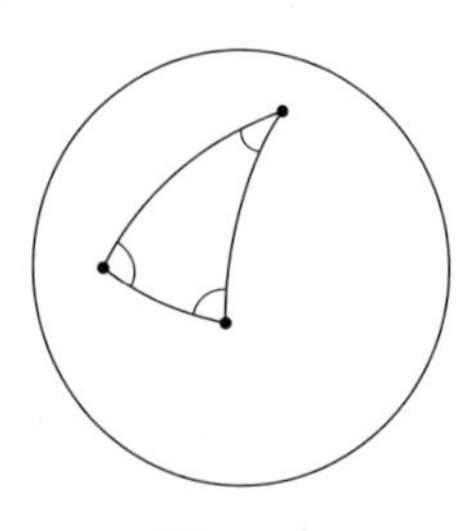

图 4-13

4.11　球面过剩

球面三角形的内角和是否也与平面三角形的内角和一样，等于两个直角呢？通过两三个特殊例子我们可以发现，球面三角形的内角和似乎大于两个直角。如图 4-14 所示，在以赤道为底边、北极点为顶点的三角形中存在两个直角，再加上位于北极点的内角，该三角形的内角和肯定大于两个直角。

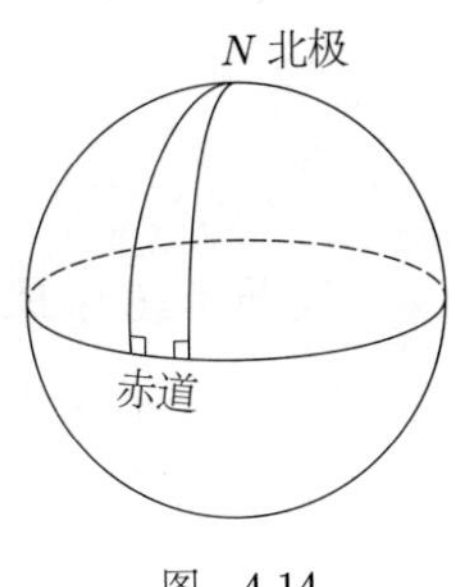

图　4-14

通过这种类型例子，我们可以如下猜测。球面三角形的面积越大，其内角和也越大。

对于这一猜测，其实存在下面这个定理。

“球面三角形的内角和超过两个直角的部分，与该球面三角形的面积成正比。”

这个定理可以如下证明。

图 4-15 中的斜线部分是由两个大圆围成的，我们首先要求出斜线部分的面积。设两个大圆之间的夹角为 α。当 α 为 90° 时就相当于把一个苹果均匀切成了四份，斜线部分就是其中一份的苹果皮的面积。同理，当 α 为 60° 时则相当于把苹果均匀切成六份。记球体的表面积为 A，此时阴影部分的面积就为 A 的

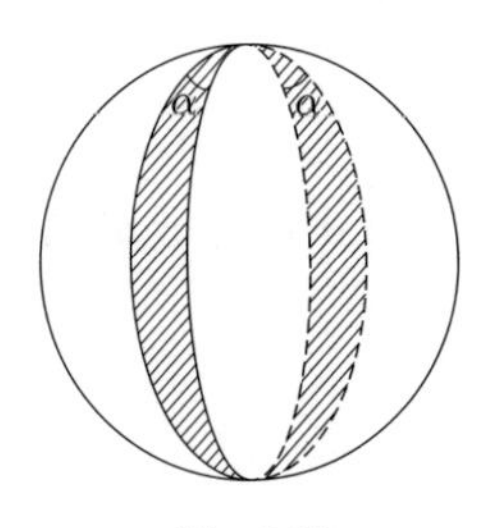

图　4-15

$\frac{\alpha}{360}$，即 $\frac{\alpha}{360}\cdot A$。图 4-15 中斜线部分的对侧，也存在大圆形成的斜线部分（虚线），二者的面积之和就是全部斜线部分的面积，即

$$\frac{2\alpha}{360}\cdot A=\frac{\alpha}{180}\cdot A$$

设图 4-16 中球面三角形的三个内角分别为 α、β、γ，则 α 为 $\frac{\alpha}{180}A$，β 为 $\frac{\beta}{180}A$，γ 为 $\frac{\gamma}{180}A$，三个角相加即

β γ α

图 4-16

$$\frac{\alpha}{180}\cdot A+\frac{\beta}{180}\cdot A+\frac{\gamma}{180}\cdot A=\frac{\alpha+\beta+\gamma}{180}\cdot A$$

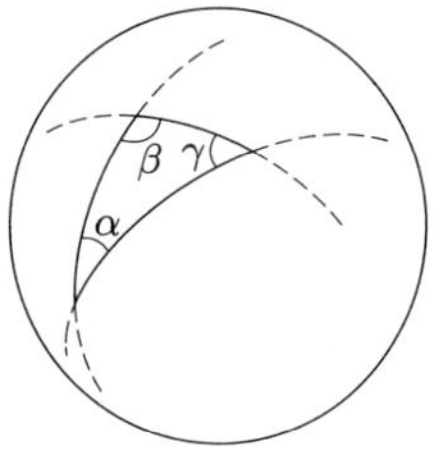

将该三角形的面积记为 Δ。因为以上过程计算了三次 Δ，所以其中 2 个 Δ 属于重复计算。加之在球体对侧也存在同样的三角形，那么就总共重复计算了 4 个 Δ，即

$$\frac{(\alpha+\beta+\gamma)}{180}\cdot A=A+4\Delta$$

等式两边同时减掉 A，可得

$$\frac{(\alpha+\beta+\gamma-180)}{180}\cdot A=4\Delta$$

由此可证明 Δ 与 $\alpha+\beta+\gamma-180$ 成正比。

4.12 纬度和经度

在球面几何学中还有一个重要的知识点，那就是经度和纬度。我们可以用经度和纬度所构成的数组，也就是一种广义的坐标来表示球面上的任意一点。

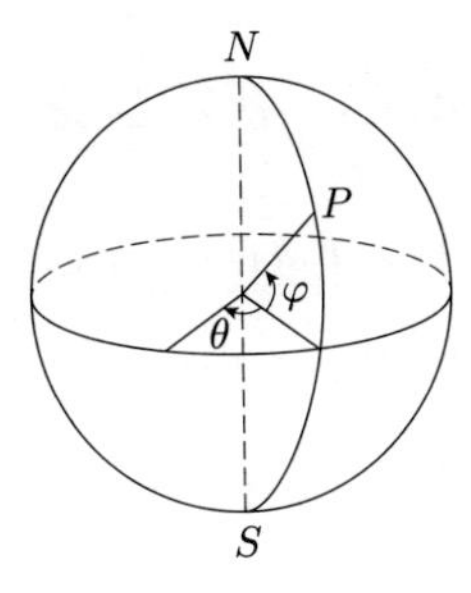

图 4-17

我们可将球体看作是由半圆转动一周形成的。将半圆记为 NPS，N 是北极点，S 是南极点，那么半圆以 NS 为轴转动一周就能形成一个球体。

半圆从初始位置向西转动 θ 度，θ 就是经度。将在半圆上与赤道所在平面的夹角为 φ 度的点记为 P。P 点随半圆转动一周后的运动轨迹是一个圆，这是个某个纬度的圆（图 4-17）。

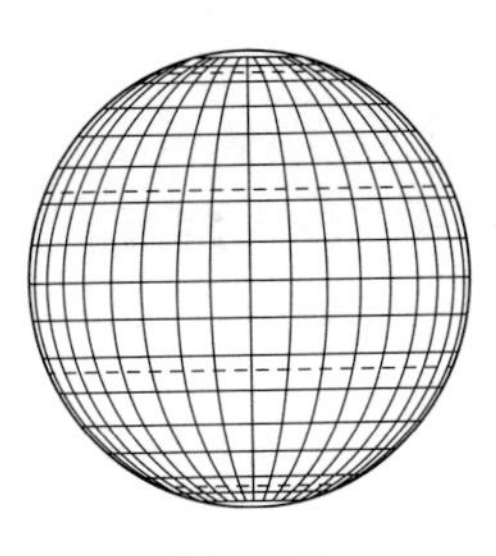

图 4-18

所以，球面上布满了由经度的圆和纬度的圆交叉形成的网格（图 4-18）。

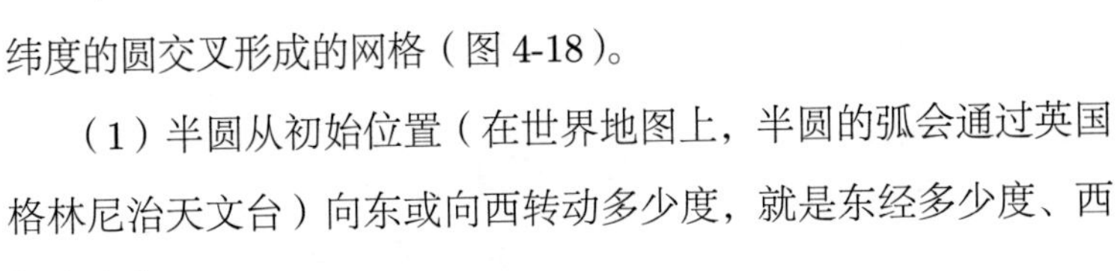

（1）半圆从初始位置（在世界地图上，半圆的弧会通过英国格林尼治天文台）向东或向西转动多少度，就是东经多少度、西经多少度。

（2）半圆上的点与赤道平面的夹角，向北或向南多少度就是北纬多少度、南纬多少度。

（1）、（2）相结合就能表示球面上，尤其是地球上的任意一点。

4.13 初等数论

我们已经了解古典几何学不适合被用于练习数学证明，那应该用哪个领域来代替呢？我个人认为最适合用于练习证明的领域是简单的初等数论。数论听上去很难，但实际却并非如此。

连上小学四年级的学生都能熟练进行整数的加减乘除运算，这就已经完成了学习初等数论的准备工作。

现在的小学都教整数的运算方法，但却基本不教整数的各种规律。

比如，我们在上小学时都学过快速判断多位数是否能被 9 整除的“去九法”。“去九法”就是看一个数的所有位数之和能否被 9 整除。例如，将 23 481 各数位上的数相加，可得 $2+3+4+8+1=18$。因为 18 能被 9 整除，所以 23 481 也能被 9 整除。这个“去九法”，其实就可以说是初等数论的入门知识了。

再来看九九乘法表。在此我们以 7 为例。

$$7\times1=\mathbf{7}\qquad 7\times2=1\mathbf{4}\qquad 7\times3=2\mathbf{1}$$
$$7\times4=2\mathbf{8}\qquad 7\times5=3\mathbf{5}\qquad 7\times6=4\mathbf{2}$$
$$7\times7=4\mathbf{9}\qquad 7\times8=5\mathbf{6}\qquad 7\times9=6\mathbf{3}$$

仔细观察以上运算结果的个位数就会发现，1 到 9 这 9 个数字各出现一次，这是为什么呢？其他数字的九九乘法运算也是如此吗？这也是初等数论的研究内容。

整数之间暗藏着很多有意思的规律，我们应该引导学生去发现这些规律。

例如，求两个整数的最大公约数就是初等数论的入门知识，学生其实很愿意学习这类内容。求最大公约数的方法叫作“辗转相除法”，可惜现在的小学数学课已经不教了。在找两个整数的最大公约数时，我们可以去用“辗转相除法”，也就是让两个整数互除。

例如，求 24 和 56 的最大公约数时，往常的做法是将 24 分解成素因数 2、2、2、3，将 56 分解成 2、2、2、7，再选出两方共同的素因数求公约数。或者是列出 $\begin{array}{r|rr} 8 & 24 & 56 \\ \hline & 3 & 7 \end{array}$ 这样的式子，用共同的约数去除两个数。如果不能一次看出 8 是最大公约数，那就要用 2 一直除到不能除为止。辗转相除法则与这种方法完全不同。

辗转相除法是用两个数中的较小数去除较大数，然后用所得余数去除较小数，接着再用第二次所得的余数除第一次所得的余数，如此反复，直到除尽。除尽时的除数就是两个数的最大公约数。

例如，当我们要找 60 和 84 的最大公约数时，可以如下进行。

假设存在一个长为 84、宽为 60 的长方形。

步骤（1)，可以从长方形中去掉一个边长为 60 的正方形。

步骤（2)，在余下的图形中，再去掉两个边长为 24 的正方形。

由步骤（2）可得，此时余下的长方形正好由两个边长为 12 的正方形填满，不存在剩余。

$$
\begin{array}{ccc}
(1) & (2) & (3) \\
\begin{array}{r} 1 \\ 60\overline{)84} \\ \underline{60} \\ 24 \end{array} &
\begin{array}{r} 2 \\ 24\overline{)60} \\ \underline{48} \\ 12 \end{array} &
\begin{array}{r} 2 \\ 12\overline{)24} \\ \underline{24} \\ 0 \end{array}
\end{array}
$$

所以12就是60和84的最大公约数，这就是辗转相除法。

我们可以去引导学生自己发现这种方法。直接将运算步骤和结果写在黑板上，我觉得这不算是真正的教育。

最大公约数是指可同时整除两个整数的最大整数，所以以最大公约数为边长的正方形能不留剩余地铺满以这两个数为边长的长方形。其实这就相当于要用正方形铺满右图中的长方形，只有在各种大小的正方形中找出面积最大的正方形，铺设的效率才最高。而这个面积最大的正方形的边长，就是我们要找的最大公约数（图 4-19）。

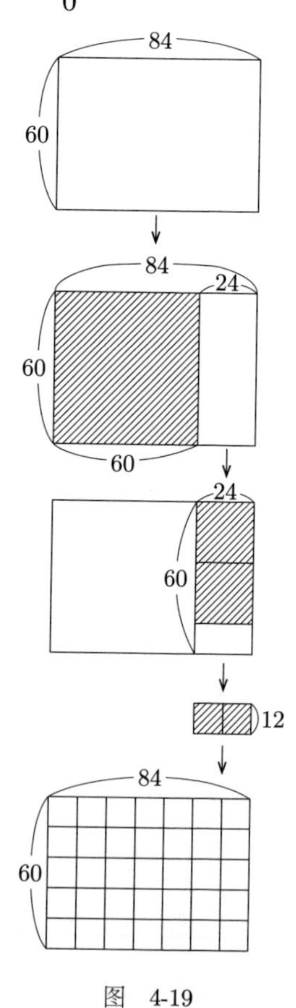

图 4-19

一开始，我们可以用面积为 $a \times a$ 的正方形去尝试铺设整个长方形，如果没有剩余，刚好能铺满，那么 a 就是最大公约数。如果 $a \times a$ 的正方形无法铺满，那么就可以尝试用 $\frac{a}{2} \times \frac{a}{2}$ 的正方形。如果还不行，那么按照从大到小的顺序去用 $\frac{a}{3} \times \frac{a}{3}$，$\frac{a}{4} \times \frac{a}{4}$ 等正方形去尝试，直到能够铺满长方形。

在讲授这部分知识时，可以先让学生在纸上画出一个长方形，然后让学生思考如何用方砖铺设这个长方形。在使用 $a \times a, \frac{a}{2} \times \frac{a}{2}, \frac{a}{3} \times \frac{a}{3}, \cdots$ 大小的方砖依次去尝试填设长方形的过程中，一定会出现一条重合的分割线。

例如长边为 b、短边为 a 的长方形，用 $a \times a$ 的正方形去尝试铺设长方形时，用长方形减去一个 $a \times a$ 的正方形后，会出现一条 $b-a$ 的边，而不论用哪种大小的方砖去铺设长方形时，我们都可以直接从这条边开始。也就是说，我们可以先从长方形中减掉面积为 $a \times a$ 的正方形再继续铺设剩下的部分，这样会使问题变得相对简单（图 4-20）。

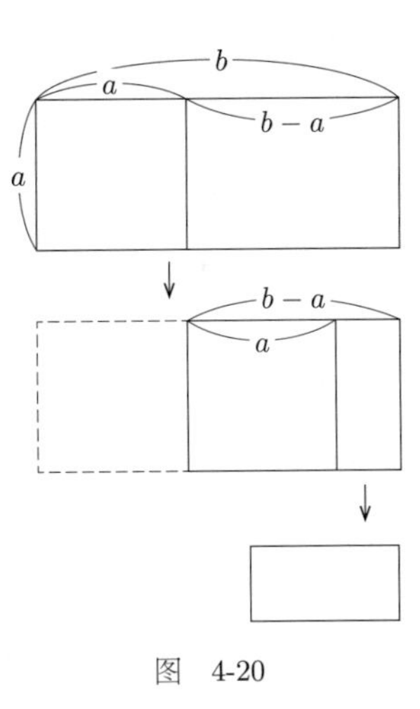

图 4-20

如果去掉面积为 $a \times a$ 的正方形后，若剩下的长方形的长边仍然大于 a，那么就再去掉一个边长为 a 的正方形，直到长方形的长边小于 a。

减去 $a \times a$ 的正方形的方法就相当于用 a 除 b，若所得余数小于除数，则用边长为余数的正方形去铺剩下的长方形。此时 b 所剩的边长变短，a 变为长方形的长边时，此时 b 所剩的边长就是用小数除大数后得到的余数。这时候需要再重复之前的过程，直到不会出现剩余情况，最后一次使用的正方形的边长的就是答案。

教师可以安排学生在一小时左右的时间内互相讨论，让学生自己去发现辗转相除法。辗转相除法是求最大公约数的最简便的方法。即使是两个非常大的数，我们也能通过辗转相除法轻松地找出它们的最大公约数。两数互除，余数逐渐变小，直到余数为 0 时即可得出最终答案。

有的老师向我反馈，一些学生在上完这样的课后说："求公约数就像看推理小说一样，太有意思了！"

4.14 算法

这种方法最近有了一个新的名字，那就是"算法"(algorithm)。像求最大公约数的辗转相除法又被称为"欧几里得算法"。

算法还有更加广义的意思。某种计算的方法可以称为算法；对于某个问题，使用某种计算方法可以解决问题，这也是算法；先怎么做，再怎么做，之后再怎么做，这也是算法。

除法等运算就是算法。得商、相乘、相减，这些步骤都已经被固定好了，就像围棋和将棋的棋谱——碰到这种情况要用这一招，遇到另一个问题要用那种办法。

求最大公约数会进行多次除法运算，这相当于同时练习很多道除法题。现在的计算练习，都是老师直接让学生去单纯地练习计算题。如果像这样，把计算融入求最大公约数之中，就会出现明确的目的性。为了求出最大公约数，而去使用除法运算，类似这样的练习可以安排在小学五年级的阶段。从这样的问题开始熟悉初等数论，正好可以衔接初中、高中课程中的复杂问题。

第 5 章　变数与函数

5.1 字母的含义

小学阶段学习 $1, 2, 3, \cdots$ 这样的整数，$\frac{1}{2}, \frac{1}{3}, \frac{2}{3}, \cdots$ 这样的分数，以及 $2.6, 3.5, 0.3, \cdots$ 这样的小数。从初中开始，则学习使用 $a, b, c, \cdots$ 以及 $x, y, z, \cdots$ 这样的字母的代数。这是数学教学的传统。

不过这个传统正逐渐被打破。很多人呼吁应该从小学开始就让孩子接触字母的表达方式，我个人也十分赞成这种观点。

其实，这种字母的形式早就已经在小学数学中悄悄地出现过了。

例如，在小学低年级的算术题中经常会见到类似于下面这样的题目。

$$25 + \square = 42$$

其实这就是下面的方程式。

$$25 + x = 42$$

这里只不过用是用字母 x 代替了 $\square$。从这个角度看，代数中的字母其实早就以 $\square$ 的形式“悄悄地”出现在小学低年级的教科书里了。

也正因如此，不少人建议与其使用“半吊子”的 $\square$，还不如从一开始就使用 x 和 y 等字母。

字母究竟有什么含义呢？我们来详细研究一下。

首先，字母可以被看成是一般“定数”（数值确定，不会发生变化的数）。例如，长为 a 厘米、宽为 b 厘米的长方形的面积为 S 平方厘米，所以

$$S = ab$$

公式中的 a、b、S 可以是任何值，不过这些数一旦确定后，就不会再发生改变，这些就是“定数”。而且，因为 a、b、S 不局限于 $1, 2, 3, \cdots$ 等特定的数，而是可以是任何值的“一般的数”。因此，我们可以说这个公式中的三个字母都是一般定数。

当 $a = 3$，$b = 4$ 时，长方形的面积就是

$$\begin{array}{l} a \;\; b = S \\ \downarrow \;\; \downarrow \\ 3 \cdot 4 = 12 \end{array}$$

只需将 3 和 4 代入 a 与 b 中即可。这里的“代入”就是指用特殊定数替换一般定数，也就是将一般定数特殊化。

再比如下面的公式。

$$(a+b)^2 = a^2 + 2ab + b^2$$

这个公式对所有的 a 和 b 都成立，它是一个恒等式，其中的 a 和 b 也是一般定数。

字母的第二种含义是“未知定数”。

方程式 $25+x=42$ 中的字母 x 是已经被限定好的数，即定数，但同时这个数还不可知，所以是“未知定数”。确定未知定数的过程就是解方程。也就是说，方程式中的字母是带有问号的定数，解开方程就能消除这个问号。

明白字母的双重含义后我们来玩一个“猜数游戏”。

用空盒代替 x。这个游戏需要出题者和答题者各一人。出题者首先在纸上写下 25，然后将纸和空盒并排摆放，在两者中间写一个加号。

接着，出题者再将写有 17 的卡片偷偷放进空盒里，将 $25+17=42$ 的右半部分，即“$=42$”写在另一张纸上，并展示给答题者看（图 5-1）。

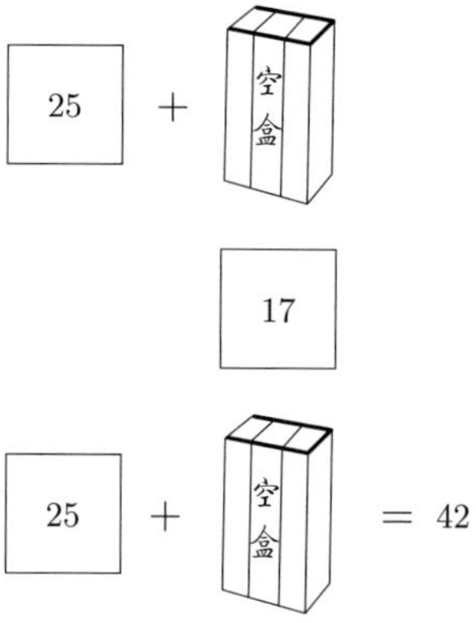

图 5-1

下面就轮到答题者来猜空盒中的数了。

在这个猜数游戏中，空盒对于出题者而言是一般定数，因为出题者可以随意放入任何数。但数一旦被放入空盒中就不能被更改了，所以它是一个定数。

而对于答题者来说，空盒中的数是未知的，而且这个数不会改变，因此它是一个“未知定数”。这个游戏以空盒为例，从两方面展示了什么是一般定数，什么是未知定数。两名学生轮流担任出题者和答题者更能加深对这一知识点的印象。

在进行过多次游戏后，教师就可以将空盒换成 x，这样学生就能顺理成章地理解并熟练运用 x 了。

5.2 字母的变数含义

除了表示一般定数、未知定数外，字母还具有第三种含义，即可表示“变数”——数值变化、移动的数。

比如，x 这个字母既能表示 1，也能表示 0，还能表示 3，它代表的是不断变化的数。形象一点来说，x 可以在有刻度的直线上自由地移动（图 5-2）。

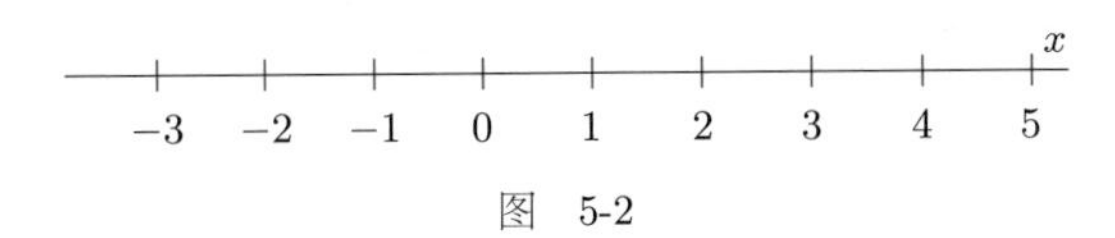

图 5-2

笛卡儿是第一个将 x 看作可变化移动的数的人。这一观点产生自数学，还受到了与数学密切相关的天文学、物理学等学科的影响。

在中世纪之前，自然科学的研究对象都是不变、不动的物体，直到文艺复兴后，科学家才开始研究移动、变化的物体。抛出的小石子会划出怎样的轨迹？绕太阳运转的行星有什么运动规律？人们开始关注这些全新的问题，研究对象从不动、静止，逐渐向运动、变化转变。

自然科学研究对象的转变也影响了数学学科。抛出的小石子

的高度 x 时刻都在变化，所以它是变数而非定数。此前只代表一般定数或未知定数的字母 $x, y, \cdots$ 成了变数的代名词，数学由此成为研究运动和变化的学科，数学学科也得以发展至前所未有的广度和深度。

变数即变化着的数。那么，“物体变化”的本质究竟是什么呢?

“一片树叶在春天是绿色，在秋天变为黄色。” 在从春天到秋天的过程中，叶子的颜色虽然发生了变化，但这片叶子还是这片叶子。也就是说，在“变化”的现象的背后，往往存在着某种不变的东西。

数的情况也是这样。

“1 变成了 2。”

这句话看上去很奇怪，因为 1 永远是 1，它无法变成 2。但是，只要我们在这句话中加入一个变数，也就是“( ) 从 1 变成了 2”，那么这句话就能成立了。句中多加了一个括号，括号中的主语可以用 $x, y, \cdots$ 等字母表示，即“x 从 1 变成了 2”。

所以讨论变数是离不开字母 $x, y, \cdots$ 的。

5.3 应用题

在了解了字母的含义后，我们就需要用其解决实际问题，也就是我们常说的应用题了。但是，在实际教学中又会出现新的问题——小学生只会做加减乘除法，不会进行求平方根等复杂的运算，但小学应用题的难度却在不断增大。

下面这道应用题曾被牛顿收录到其编写的代数教科书里，是一道只能用代数的方法求解的题目。

“某个商人的财产每年增加 $\frac{1}{3}$，但生活费保持不变，每年只花费 100 英镑。三年后商人的财产是最初的 2 倍，求商人最初有多少财产。”

这道题看上去就很难解，所以牛顿在书中指出，解这道题需要使用代数。虽然当时牛顿已经是一位知名学者了，但他还是亲手为学生编写了教科书，而这本书在后来也成为了著名的代数教科书。

设商人最初拥有的财产为 x。因为每年只用 100 英镑的生活费，所以一年后所剩财产为 $(x-100)$。又因为财产每年增加 $\frac{1}{3}$，所以一年后总财产为 $\frac{4}{3}(x-100)$。计算过程如下。

$$(x-100)+\frac{1}{3}(x-100)=\frac{4}{3}(x-100)$$

两年后的总财产就是 $\frac{4}{3}\left[\frac{4}{3}(x-100)-100\right]$。以此类推，三年后的财产达到最初的 2 倍，省略中间具体的计算过程，最终可以得到下面的方程式。

$$\frac{4}{3}\left\{\frac{4}{3}\left[\frac{4}{3}(x-100)-100\right]-100\right\}=2x$$

初中生能解这个方程式，只要逐步去括号、移项、合并同类项，最后去分母即可算出答案。但在计算时需要使用纸和笔，因为方程式中的括号太多，心算的难度很大。解以上代数方程需要

用分配律 $a(b \pm c) = ab \pm ac$ 来去掉等式中的括号，然后整合方程式的两边才能最终算出 x。

但是，没学过分配律的小学生对这样的代数解法可能完全没有头绪。通过这道题我们能看出，如果代数解法中必须使用分配律，那么这对于小学生而言就是不合适的。

5.4 龟鹤算

那龟鹤算的问题呢？龟鹤算问题首次出现在昭和十年（1937年）启用的小学六年级的绿封面教科书中。

“乌龟与鹤共 20 只，它们共有 52 只脚，求乌龟与鹤各几只?”

这就是龟鹤算问题。用代数法可设乌龟有 x 只，又因为乌龟与鹤共 20 只，所以鹤有 $20 - x$ 只。乌龟有 4 只脚，所以共有乌龟脚为 $4x$ 只，再加上每只鹤有 2 只脚，所以可列出下面的方程式。

$$4x + 2(20 - x) = 52$$

解方程式可得

$$4x + 2(20 - x) = 52$$

$$4x + 40 - 2x = 52$$

$$2x = 52 - 40 = 12$$

$$x = 6$$

最终算出有 6 只乌龟和 14 只鹤。

这道题用代数求解非常容易，但会在解题过程中使用分配律。我建议小学应用题的解法中，最好不要涉及分配律。矛盾的是，如果不用代数就很难解开这道题，但用代数方法就必须使用分配律。自从绿封面教科书将龟鹤算问题列入教学内容后，日本的小学生就被迫开始做这类复杂的应用题了。藤泽利喜太郎在很早以前就警告过，不要在小学阶段教学生太难的应用题，可惜编写教科书的人无视了他的警告。在战后使用的教科书，比如黑封面教科书中就没有龟鹤算问题，但在黑封面之后的教科书中却逐渐出现了各种复杂的应用题。小学生解这些题很吃力，这也导致很多学生跟不上教学进度。有人认为这类应用题可以提高头脑的灵活度，但实质上它们起不到任何锻炼大脑的作用。

有的学生会解这类应用题是因为他们记住了题型，只要遇到同类问题就换成乌龟和鹤，然后再按照固定的步骤解题。但是，这种应用题是虚构的，现实中不会出现只知道龟、鹤脚的总数而不知道分别有几只龟和几只鹤的情况。把这两种动物关在一起时，即使只看脚也能分清哪些是乌龟脚、哪些是鹤脚。

龟鹤算来源于中国的数学著作《孙子算经》。书中原题如下："今有雉兔同笼，上有三十五头，下有九十四足，问雉兔各几何？"

后来雉变成了鸡，传到日本后，鸡和兔又变成了乌龟与鹤。

直到今天，生活在 20 世纪的日本小学生还在为 1500 多年前的龟鹤算抓耳挠腮，这也是“教学内容和方法具有保守性”的一个例子。

现在全世界可能只有日本的学生还在学习龟鹤算，而且这种趋势愈演愈烈，很多私立初中的入学试题里都会出现这类试题。虽然我认为公立小学的教学不应被私立初中的入学试题左右，但还是有很多公立小学只能被迫教授这些内容。

此外，有不少小学的试题册的难度也在逐渐增大。与其在解这些难题上费时费力，还不如让学生尽早学习代数。只要教学方法得当，小学生完全能掌握代数知识。学生如果习惯了使用非代数的方法去解这种题，那么在升学后就很可能难以适应初中的数学学习。在遇到需要列方程式的应用题时，一定会有学生想方设法地不使用方程去解答，龟鹤算问题反而会成为初中生学习代数的“拦路虎”。学生在小学苦练龟鹤算和分配问题，升入初中后却发现用代数解答这些问题易如反掌。“既然用代数解题这么简单，那为什么要让我在上小学时用算术方法解那样复杂的应用题呢？”估计有这种疑惑的学生肯定不在少数吧。

导致这一切的罪魁祸首，就是收录了各种脱离实际的复杂应用题的绿封面教科书。日本的小学生至今仍然生活在这些应用题的阴影之下。

实际上，我们只需设出 x, y 两个未知数就能轻松地解决让人头疼的龟鹤算了。

设共有 x 只鹤和 y 只龟，则

$$\begin{cases} x + y = 20 \\ 2x + 4y = 52 \end{cases}$$

列出方程式后要先消掉一个未知数，例如先消掉 x。

将第一个方程式左右两边同时乘以 2，可得

$$2x + 2y = 40$$

将所得新方程式与第二个方程式相减，可得

$$\begin{array}{rr} & 2x + 4y = 52 \\ -) & 2x + 2y = 40 \\ \hline & 2y = 12 \end{array}$$

$$y = 12 \div 2 = 6$$

则 $x = 20 - 6 = 14$

答：鹤有 14 只，龟有 6 只。

这种有两个未知数和两个等式的方程就是二元一次联立方程。小学阶段那些复杂的应用题基本都可以用二元一次联立方程解答。

再来举一个二元一次联立方程的例子。

准备两个塑料袋，在一个袋子中放入 2 个碗和 3 个杯子，在另一个袋子里放入 5 个碗和 4 个杯子，然后将两个袋口扎起来（图 5-3）。

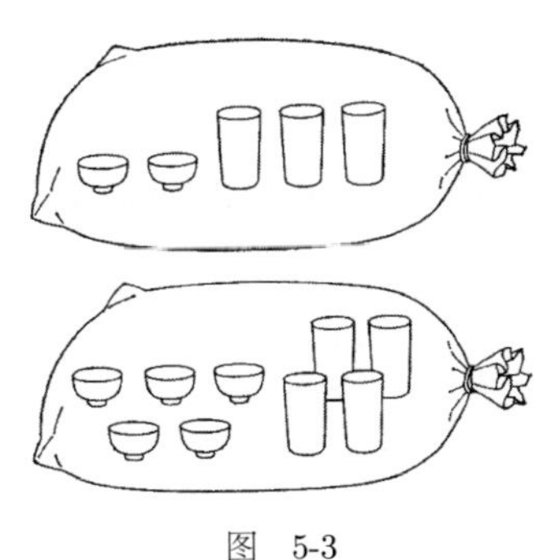

图　5-3

称重后得知，两个袋子分别重 950 克和 1780 克。此时，可以让学生在不打开袋子的前提下算出每个碗和每个杯子的重量。

学过代数的人会设每个碗重 x 克，每个杯子重 y 克，并可列出二元一次联立方程

$$\begin{cases} 2x + 3y = 950 \\ 5x + 4y = 1780 \end{cases}$$

当然，在此我们要假设塑料袋的重量为 0 克。

对于没学过代数的学生，我们可以这样用实物来做演示，学生在思考的过程中就能发现二元一次联立方程的解法。

二元一次联立方程是无法被一步解开的，所以教师可以先让学生思考如何消掉其中一个未知数。

例如，以上方程式中表示碗重量的部分如下。

$$2x + \cdots$$
$$5x + \cdots$$

为了消除 x，我们可以让 $2x$ 和 $5x$ 同时变成 $10x$，此时就要让第一个方程式的左右两边同时乘以 5，让第二个方程式的左右两边同时乘以 2。

$$10x + \cdots$$
$$10x + \cdots$$

接下来只要让这两个方程式相减就行了。

所以，解二元一次联立方程的关键在于让学生注意到以下两点。

（1）对两个方程式做减法。

（2）让方程式的左右两边乘以同一个数。

想让学生注意到第一点，教师可以先给学生看上下式中未知数的系数相同的方程式，如

$$\begin{cases}3x+5y=\cdots\\3x+2y=\cdots\end{cases}$$

这样学生自然就能想到让上下式相减了。

接下来要教会学生在其中一个方程式的左右两边乘以同一个数，使某未知数的系数与另一个方程式对应的未知数的系数相同。如

$$\begin{cases}2x+4y=\cdots\\6x+5y=\cdots\end{cases}$$

将第一个方程式的左右两边同时乘以 3，可得

$$\begin{cases}6x+12y=\cdots\\6x+5y=\cdots\end{cases}$$

两式相减即可消去 x。

在用塑料袋装碗和杯子的例子中，$2x+4y=\cdots$ 变为 $6x+12y=\cdots$ 相当于将三个这样的塑料袋绑在了一起。

也就是说，在进行（2）时，需要注意要将方程式的左右两边乘以同一个数。有的学生在计算时可能会忘记将右边也乘以 3，所以教师务必提醒学生是三个塑料袋绑在一起，总体的重量也要相应增加。

再回到碗和杯子的问题上来。

$$\begin{cases}2x+\cdots\\5x+\cdots\end{cases}$$

要消去 x 就要使上下两式中 x 的系数相同，所以等式的左右两边应该乘以同一个数。

于是，我们让第一个方程式两边同乘 5，让第二个方程式两边同乘 2，然后再让两式相减。

乘以 5 相当于将 5 个放了 2 个碗的塑料袋绑在一起，乘以 2 相当于将 2 个放了 5 个碗的塑料袋绑在一起。

这样一来，两组塑料袋中都共有 10 个碗。上下两式相减就相当于同时减去两组塑料袋中 10 个碗的重量，剩下的就只有杯子的重量了。

像上面这样将步骤细分后，学生自然就能明白联立方程的解法了。

在实际操作时，因为不断添加塑料袋再称重会比较麻烦，所以教师也可以用空盒子代替 x 和 y。

设红盒子为 x，白盒子为 y, 则情况如图 5-4 所示。

当然，教师也可以让学生猜猜代表 950 和 1780 的盒子里分别放了多少个红盒子和多少个白盒子。

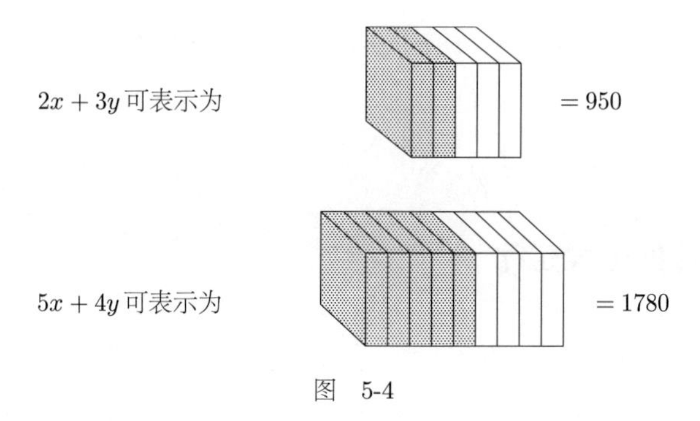

图 5-4

5.5 函数的功能

德国数学家莱布尼茨在 17 世纪末首创“函数”一词。函数用英语单词 function 表示，其本身还具有“功能”之意。莱布尼茨在发明函数一词时也是从功能层面考虑的，所以我们从功能的角度解释函数会更准确。

5.6 自由落体定律

自由落体定律表示的是当地球上的物体下落时，下落时间和下落高度间的关系。设下落高度为 s，下落时间为 t，则 $s = 4.9t^2$。

若下落时间为 1 秒，则 1 秒内的下落高度为 $s = 4.9 \times (1)^2 = 4.9$ 米；若下落时间为 2 秒，则 $s = 4.9 \times (2)^2 = 4.9 \times 4 = 19.6$ 米。这是一个典型的函数问题。下落时间是已知的原因，下落高度是未知的结果，这一定律可由原因推导出结果。在该因果定律中，原因用 1 秒、2 秒等时间量表示，结果则用以米为单位的长度量表示。

5.7 量的因果定律

由量表示的原因推出量表示的结果，这种量的因果定律体现在数学中就是函数。例如，在 $4.9 \times (\ )^2$ 的括号中填入下落时间，用时间的平方乘以 4.9 就能算出下落高度。$4.9 \times (\ )^2$ 就像一个运算规则。有了这个公式，只要知道下落时间就能算出下落高度。此时

$$4.9 \times (\ )^2$$

就是一个函数，不过我们这里没有把 t 放进去。

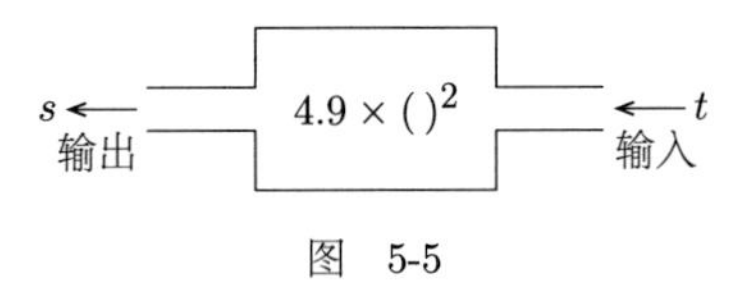

图 5-5

如图 5-5 所示，向中间的方框输入 t 就可输出 s，方框部分就是函数。

这种形式非常像在日本的大街小巷随处可见的自动售货机。将钱投进自动售货机后，机器会自动吐出我们想要的商品。例如，我们放入 3 枚 10 日元的硬币就能得到一张价值 30 日元的电影票，

这就是一种函数。进即输入，出即输出。在使用自动售货机时，我们输入钱，自动售货机输出商品。榨汁机同理。插上电源、放入水果就能榨出果汁，此时输入的是电源和水果，输出的是果汁。

在工程学中，我们习惯将这种装置称为“黑箱”(black box)。大家只要看到输入和输出的内容即可，不必一定要知晓黑箱内部的运转过程。普通人无须了解自动售货机的内部工作原理，只要相关维护人员知道就行了，因为他们要负责维修自动售货机。

但是，黑箱的输出必须是确定的。我们在抽签时虽然投了钱，却不知道能得到怎样的结果，所以抽签装置不是黑箱。

为了表示量的因果定律，德国数学家莱布尼茨首先提出了函数的概念。此后，函数逐渐成为数学领域内一项重要的研究课题。与莱布尼茨处于同一时期的科学家都致力于研究蕴含在各种自然现象中的量的因果定律。某种原因导致某种结果，这一过程在数学中就是将未知的函数确定出来。另外，通过研究未知的函数，来对已知的函数进行修正的情况也非常普遍。

用“黑箱”也就是自动售货机这样的装置为例来讲解，就算是小学生也能迅速理解函数的原理。学生之所以认为函数复杂难懂，原因可能在于教师没有采取这种生动的教学方式。

5.8 符号

取 function 的首字母 f，$f(\,)$ 就表示函数。在括号中输入 x 的

话，就可以输出 $y=f(x)$。所以对于函数而言，关键的部分就是

$$f(\,)$$

以往我们都说 $f(x)$ 是函数，但 $f(x)$ 实际上只是输出结果，它并不是一个完整的输入和输出的过程，所以将 $f(x)$ 看成函数的观点不够准确。

在前面讲到的自由落体定律中，我们将 $4.9(\,)^2$ 记为 f，$f(\,)$ 就是一个函数。括号就像一个空屋子，可以放入 t，也可以放入 x。

放入 x，则输出 $f(x)$。我们将 $f(x)$ 记为 y, 而 $f(x)$ 则是 y 的具体内容，可以如下表示。

$$y=f(x)$$

我们必须将 $f(\,)$ 和 x 分开理解。仍以自动售货机为例，此时 x 代表投入的钱，$f(\,)$ 代表自动售货机的内部装置，$f(x)$ 则代表输出的商品。虽然向自动售货机投币就能得到商品，但我们显然不能将钱、商品和自动售货机混为一谈。

5.9 正比

其实，在小学低年级的教科书中就已经出现了包含函数思维的内容，其中最具代表性的就是正比问题。

“a 米布的价格是 b 日元，求 c 米布的价格。”这道题中布的长

度和价格就成正比。布长增加两倍，价格也随之增加两倍；布长增加三倍，价格也随之增加三倍。二者的关系可用 $y = ax$ 表示，这其实就是一种函数关系。

b 乘以 c 再除以 a 即可得出答案 x，也就是 $x = \dfrac{bc}{a}$。这道题用代数很好解，但要用传统的算术方法就需要解释每一步的含义。

$\dfrac{bc}{a}$ 有以下三种解释。

$$\frac{bc}{a} = \begin{cases} (bc) \div a \\ b \times \dfrac{c}{a} \\ \dfrac{b}{a} \times c \end{cases}$$

$(bc) \div a$ 被称为三数法，也就是用三个数去计算第四个数。

而 $b \times \dfrac{c}{a}$ 被称为倍比法，$\dfrac{b}{a} \times c$ 则被称为归一法。

在以上三种方法中，最便于学生理解、最有助于之后学习的方法是归一法，但日本学生过去使用的国定教科书却选用了三数法和倍比法，归一法从未出现在教科书中。

三数法对这个运算过程的解释如下。由"a 米布的价格是 b 日元，求 c 米布的价格"，可列出等式 $a : c = b : x$，即长度比等于价格比。又因为内项积等于外项积，所以 $ax = bc$。两边再同时除以 a，即可得出 $x = \dfrac{bc}{a}$。

这是一种古老的方法，欧洲人早在中世纪起就已经开始使用这种被称为 rule of three 的方法了。这种方法对于商人而言尤其重要，当时的服装店老板，如果不会使用这种方法，那么在生意上就会非常麻烦。不过，当时欧洲的商人们大多不明白其背后蕴含的原理，只知道死记硬背公式来使用这种方法。为什么要列出 $a:c=b:x$ 的等式，内项积又为什么等于外项积，这些原理都很复杂。但当时的教育中没有对此做出解释，只是简单地给出了 $x=\dfrac{bc}{a}$ 这个式子。

荷兰哲学家斯宾诺莎曾说，人类的死记硬背无异于鹦鹉学舌。三数法就是典型的例子。

当然这个方法也并非一无是处。三数法的优点在于先做乘法、后做除法的运算过程，这是因为整数相除可能会产生小数，相乘则不会。所以先乘后除，可能会出现的小数只在最后一步出现，该方法的优点正体现在此。

那么又该如何解释倍比法呢？ a 米布价值 b 日元，c 米布的长度和价格都是 a 米布的 $\dfrac{c}{a}$ 倍，所以要将 a 米布的价格乘以 $\dfrac{c}{a}$，这种方法就是倍比法。这样的解释乍一看似乎合乎逻辑，但实际上擅自扩大了倍数的意义范围，因为在日常生活中我们很少会说 $\dfrac{2}{3}$ 倍，所以这种解释有牵强附会之嫌。倍比法中的倍数和日常生活中倍数的指代范围不同，因此学生们可能会不好理解。

在从明治末期投入使用的黑封面教科书到后来的绿封面教科书中，三数法和倍比法交替出现，但归一法却从未出现过。“交替出现”意味着旧内容效果不佳、需要改变，而因为新内容也不能达到预期的效果，所以又恢复了原样，这导致很多学生一直不明白比例是什么。相较之下，归一法就简单易懂多了。我们在介绍量的章节中提到过单位量的概念。在这个例子中，a 米布的价格是 b 日元，那么 1 米布就是 $\frac{b}{a}$ 日元，所以求 c 米布的价格只需用单价乘以 c 即可。归一法就是要回归单位量，它是第 1 章中密度的第一用法和第二用法的结合。在学习正比时，使用归一法要远远优于使用三数法和倍比法。

5.10 函数与正比

正比关系即 $y = ax$ 这个函数，是一种非常简单的函数。输入方 x 乘以 2，输出方 y 也会变为原来的 2 倍；x 乘以 3，则 y 也变为原来的 3 倍。正比反映的就是这样的关系。正比是一种特殊的函数，微分其实就是正比的延伸。

我们可以使用模型来讲解正比。如图 5-6 所示，用一块木板将一个竖放的长方体水箱隔成两部分，木板下端有洞，两边的水可以自由流动。向水箱内注水后，木板两边的水面高度相同。

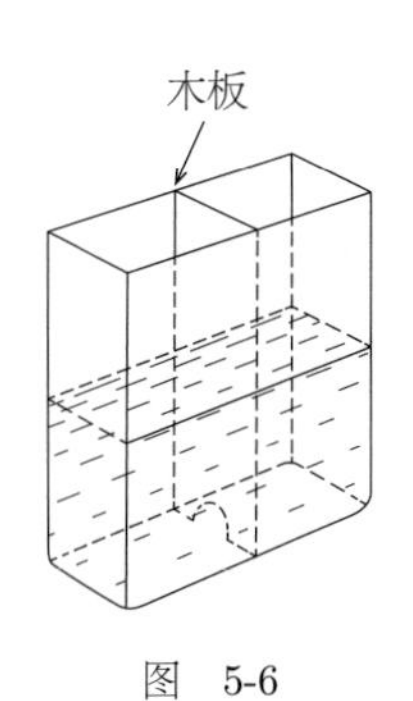

图 5-6

设水箱右半边的水量为 x 毫升，左半边的水量为 y 毫升，水量 y 随水量 x 的增减而变化。x 增加至 2 倍，y 也增加至 2 倍。x 增加至 3 倍，y 也增加至 3 倍。

x	y
1	a
2	$2a$
3	$3a$
$\vdots$	$\vdots$

假设 x 为 1 时 y 为 a，那么当 x 增加 1 倍变成 2 时，y 就是 $2a$；当 x 为 3 时，y 就是 $3a$。这种量的关系可以用 $y = ax$ 来表示。

就像这样，学生可以通过回忆水箱中 x 和 y 的水量变化的场景，来寻找正比函数的线索。

5.11　映射

自然现象中存在很多这样的函数关系。例如，力和弹簧拉伸的长度就是正比函数关系。函数的实质就是用数学语言阐述量的因果关系。

不过，现在的数学教育却不这样解释函数，而是将函数解释为“输出集合与输入集合的一一对应”。这可以看作是一种更进一层的函数概念。莱布尼茨流派的观点认为，输入集合和输出集合并不是清晰、确定的集合，而现在的函数解释却将其视为清晰、确定的集合。这种构想虽然从某种意义上来说是一种进步，但它也带来了很多麻烦。

弹簧拉伸的长度与受力成正比，表述这种关系的胡克弹性定律就是一种函数。但是，并不是无论力大到多大程度，函数都成立。此外，弹簧的拉伸长度也有一定限度。也就是说，力的输入范围并非无穷大。不过，很多时候我们在一开始并不知道这种界限在哪儿，所以从最开始就确定 x 的范围显然过于不合理。自然界中的现象大多如此，仅在一定的范围内是成立的，而大多数情况下，我们无法从一开始就明确知道这一范围的边界在哪里。但集合与集合的对应，必须从一开始就确定范围。所以从这一点来看，对函数的新解释确实值得商榷。

还有一点不合理之处在于输入的变化范围，也就是 x 的定义域。随着数学学科不断向前发展，定义域也在不断扩大。定义域并非是确立之后就一成不变的，所以“x 的范围一旦确立就不再变动”的说法会引起学生的误解。

例如指数函数 $y = 2^n$，我们最初将 n 的范围限定为正整数，即 $n = \{1, 2, 3, \cdots\}$。2^2 就是两个 2 相乘，2^3 就是三个 2 相乘，该函数的定义域为 $\{1, 2, 3, \cdots\}$。但是随着数学的发展，我们发现 n 也可以是 0 或负整数，例如 $2^0 = 1$，$2^{-1} = \frac{1}{2}$ 等。接着我们又发现，n 也可以是分数，例如 $2^{1/2} = \sqrt{2}$，即 $2^{1/2}$ 就是 2 的平方根。这样一来，n 的范围从整数逐渐扩大到分数、小数、无理数，甚至扩大到了虚数。从数学持续发展的特性来看，在一开始就确定函数定义域并不合理，所以我认为还是用黑箱理论解释函数更合适。

函数不仅活跃在数学领域之中，其实研究所有的自然学科都要涉及函数，所以在学习自然科学时会不可避免地遇到很多函数。最近，甚至在计量经济学等一些社会学科中也开始使用函数了。

在社会学科领域开展的研究无法得出精确值，我们只能努力求出近似值。例如，在 A 市和 B 市之间有一条公路，该条公路上的车流量与 A 市和 B 市人口的乘积成正比，与 A 市和 B 市间距离的平方成反比。人口越多则车流量越大，所以二者成正比；距离越远则车流量越小，远距离会降低出行的概率，所以车流量与距离的平方成反比。这一规律和万有引力定律非常相似。

在两个具有质量的物体间存在的吸引力的大小与两物体质量的乘积成正比，与两物体间距离的平方成反比。万有引力定律是非常精确的定律，而上面这个例子虽然不是绝对精确的，但也近乎精确了。

类似这样的定律广泛存在于社会学科中。近年来，在研究城市问题时会不断诞生新定律。由现实到量，再由量到数，越来越多的定律都可以用函数来表达。

鉴于函数在现代数学中的重要地位，我们应该尝试在小学阶段就导入函数的相关内容。函数教学的首要目的是让学生明白量的因果关系。现代数学把函数解释为集合与集合间的一种对应，这种观点虽然有其优点，但考虑到它会引起小学生对函数的误解，所以不妨等到初高中阶段再将这种观点导入到教材中。在讲解函数的初级阶段，我推荐使用前文提到的黑箱方法。

5.12 函数和图像

函数图像可以将 $y = f(x)$ 的函数性质直观地展现出来，这也是笛卡儿的功劳。

函数本身只表示量和量的对应关系，和图形本来没有太大关系，但笛卡儿别出心裁地运用图形来表示函数。

大体来说，函数 $y = f(x)$ 越复杂，与其相对应的图像也越复杂。

若 $f(x)$ 是一次函数 $y = ax + b$，则其对应的图像就是直线；若 $f(x)$ 是二次函数 $y = ax^2 + bx + c$，则其对应的图像就是抛物线（图 5-7）。当 $f(x)$ 变成三次函数、四次函数等时，函数对应的图像也会越来越复杂。

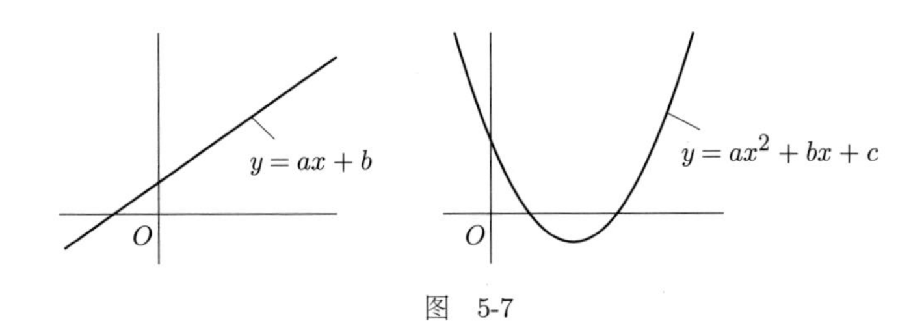

图 5-7

在笛卡儿的奇思妙想下，函数、方程的世界和图形的世界连接在了一起。而且，这种连接并不是单向的，函数图像也开辟了用函数和方程表示图形的新思路。

也正是因为笛卡儿的卓越贡献，我们现在才可以在研究抛物

线时使用函数 $y = ax^2 + bx + c$。笛卡儿创立了与欧几里得代表的古典几何学完全不同的解析几何学。古典几何学的研究对象局限于直线和圆，而解析几何学研究的则是更复杂、更高级的图形。

版权声明